ウンコロジー入門

A guide to Uncology

糞土師
伊沢正名

偕成社

まえがき　ウンコに向きあい世界が変わった

いきなりですが、わたしはふんどしの伊沢《いざわ》です。とはいっても、あの腰《こし》に巻《ま》くふんどしではありません。漢字で書くと、「糞土師《ふんどし》」です。

「糞」はフン、ウンコのこと。「土」はわかりますね。「師」は、指導者《しどうしゃ》とか専門家《せんもんか》というような意味。たとえば教師《きょうし》なら教える人、看護師《かんごし》なら病人やけが人の看護をする人とか、そういうことになります。

だから糞土師というのは、ウンコをとことん土にする人、ということになります。つまり、野山でウンコをして、土に埋《う》めているのです。「えーっ！　ウンコはトイレでするものだよ」なんて声が聞こえてきそうですね。うーん、たしかに常識的《じょうしきてき》に考えると変かもしれません。でも、わたしはその「常識的に考えると変なこと」を、毎日つづけているのです。何十年も！

21世紀になってから約20年になりますが、このあいだにわたしがトイレでウンコをしたのはたったの14回だけ。それ以外は、すべて「ノグソ」です。つまり、野山で地面に穴《あな》を掘《ほ》って、そこにウンコをして埋《う》めています。嵐《あらし》の日でも夜中でも、旅行中でも都会にいても、いろいろな困難《こんなん》はありますが、1974年に始めてからすでに46年。これまでにしたノグソの数は1万4700回を超《こ》えました。

「なんでそんな面倒《めんどう》なことをしているの?」と思うでしょう。わたしが「ノグソ」をするようになったのには、ふか〜いわけがあるのです。

自然が大好きなわたしは1970年、20歳《さい》のときに、自然保護運動《しぜんほごうんどう》を始めました。このころは高度経済成長時代《こうどけいざいせいちょうじだい》で、人々の生活は豊《ゆた》かで便利になってきた反面、水俣病《みなまたびょう》などの公害や自然破壊《しぜんはかい》が大きな社会問題になっていました。そうしていろいろな活動をするなかで、1973年の暮《く》れ近く、「し尿処理場建設反対《にょうしょりじょうけんせつはんたい》」という住民運動をニュースで知ったのです。

水洗《すいせん》トイレも下水道もまだ十分整備《じゅうぶんせいび》されていなかった当時は、汲《く》みとり便所のウンコをバキュームカーで処理場に運《はこ》び込《こ》んでいました。その処理場の建設予定地《けんせつよていち》の近くに住む人々が、反対運動をしているというものでした。

処理場《しょりじょう》ができあがれば毎日のように、多くのバキュームカーが行き来します。臭《くさ》くて汚《きたな》いから嫌《いや》だ、という周辺住民の気持ちもわかります。でも、そこで処理するのは自分たちが出したウンコやオシッコです。自分で汚いウンコをしていながら、その処理は遠いところでやってくれ、だなんて、なんて身勝手なんだろう。わたしは、強い憤《いきどお》りを覚えました。

ところが、そういうわたし自身も、トイレにウンコをしているのです。わたしのウンコは、みんなが嫌がる処理場に運ばれて、だれかに迷惑《めいわく》をかけながら処理されているはずです。どうしたらいいのだろう。生まれてはじめて、トイレにウンコをすることの意味を真剣《しんけん》に考えはじめました。

自然破壊現場《しぜんはかいげんば》の記録や自然観察に役立てるため、写真が必要になったわたしはよくカメラを持ち歩いていました。そして23歳《さい》の秋、偶然《ぐうぜん》出会ったあるキノコを写したことがきっかけとなり、それまで思いもしなかった自然のしくみについて知ることになったのです。

①9月3日　15:10　②9月4日　6:50　③9月4日　15:50

家の近くにある高峰《たかみね》という秀麗《しゅうれい》な山の頂《ちょう》上《じょう》には、秋になるとマツムシソウという紫色《むらさきいろ》の美しい花が咲《さ》く、気持ちのいい草原がありました。花の写真に凝《こ》りはじめていたわたしは、マツムシソウの魅力的《みりょくてき》な写真を撮《と》ってやろうと、テントをかついで高峰に登りました。「七曲坂《ななまがりざか》」とよばれる急な山道を登っているとき、いきなり目のまえに大きくてまっ赤なキノコがあらわれました。その堂々とした風格《ふうかく》に、わたしは思わずザックからカメラを取り出していました。そのキノコのそばには、真っ白い卵《たまご》が地面から頭を出していたのですが、翌日《よくじつ》下山するときに見ると、卵がわれてキノコがのびだし、赤い傘《かさ》をすっかり広げているのです。その成長のスピードと存在感《そんざいかん》に、わたしはすっかり心を奪《うば》われてしまいました。

そのキノコの名前が知りたくて、町の本屋さんで小さなキノコ図鑑《ずかん》を見つけて買ってきました。その赤いキノコは、特徴《とくちょう》がはっきりしていたおかげで、絵合わせだけですぐに「タマゴタケ」だとわかりました。すごくうれしかったのですが、それ以上に感動したのは、図鑑の巻末《かんまつ》にあった、キノコの生態《せいたい》や自然界での役割《やくわり》についての解説《かいせつ》です。そこには、枯《か》れ木《き》や落ち葉という植物の死がい、そして動物の死体やウンコは、キノコ（菌類《きんるい》）が腐《くさ》らせて分解《ぶんかい》し、土に還《かえ》し、その養分で植物が生きつづけ、その植物を食べて動物が生き、そして菌類も生きつづけてきた、と書いてありました。

それまでわたしは、動植物の死をあらたな命の誕生《たんじょう》につなげるとか、その役割をキノコが担《にな》っていたことなど、だれからも聞いたことがありませんでした。これをきっかけに、わたしの自然に対する見方はがらっと変わってしまったのです。自然保護《しぜんほご》でもっとも重要なのは、貴重《きちょう》な動物や植物を守ること以上に、植物・動物・菌類による命の循環《じゅんかん》を守ることなのではないか、と考えるようになりました。そしてそれは、「ウンコをどう処理《しょり》するか」という問題への答えでもありました。

だれにも迷惑《めいわく》をかけず、自然のためにもなる「ノグソ」をしなければ！　そう考えるようになったのです。
１９７４年1月1日、わたしは裏山《うらやま》の林へ行き、ノグソを始めました。はじめの数年間は、忙しかったり雨が降《ふ》ったりするとめんどくさくなり、ついついトイレを使ってしまうことも多かったのですが、徐々《じょじょ》に回数はふえていきました。そしてさらに、紙でふくのをやめて葉っぱを使ったり、最後に少量の水で仕上げてウォシュレットのさわやかさを先取りするなど、１９９０年にはついに、人工的なものをいっさい使わないで質《しつ》の高いノグソをする方法も確立《かくりつ》したのです。

キノコのはたらきを知り、自然保護《しぜんほご》への考えも変わったことから、わたしはそれまでの自然保護運動に区切りをつけて、１９７５年から写真家をめざして活動を始めました。写真を通してキノコの重要性《じゅうようせい》を伝えるのが第一の目的ですが、その他にもコケやカビ、変形菌《へんけいきん》など、小さくて目立たない生きものたちの美しさやはたらきを発掘《はっくつ》することにも力を入れました。ウンコとおなじように価値《かち》がないと思われていた日陰者《ひかげもの》の生きものたちも、じつは縁《えん》の下の力持ちとして、大きな自然を支《ささ》えるすばらしい力を発揮《はっき》していたのです。

写真活動を続けて20年ほどした90年代の半ばころ、すでに本を20冊《さつ》以上出し、写真家としてきちんと認《みと》められるようになっていたのに、「なにかちがうぞ」という疑問《ぎもん》が頭をもたげてきました。わたしのキノコの写真は、分解《ぶんかい》などの重要性《じゅうようせい》を広めるよりも、食べることに利用され、乱暴《らんぼう》なキノコ狩《が》りでかえって自然が荒《あ》らされたり、あらたなキノコ中毒がふえたりしてきたのです。

伝えたいことが伝えられないもどかしさに悩《なや》む一方で、人知れず始めた「ノグソ」は、その技術《ぎじゅつ》も理論《りろん》もどんどん成長してきました。人にすすめられるだけの、たのしくて役に立つノグソにまで進化したのです。写真で伝わらないなら、ウンコとノグソをとおして、人間もふくめた自然の中での命の循環《じゅんかん》を伝えることができないだろうか。そう考えたわたしは、ついに写真家をやめ、ノグソの大切さを直球勝負で訴《うった》えようと、「糞土師《ふんどし》」を名乗ることにしたのです。2006年のことでした。

ウンコとは、食物を食べて消化し、養分を吸収《きゅうしゅう》したあとの残りカスです。しかも臭《くさ》くて汚《きたな》い不衛生《ふえいせい》なゴミだと考えられています。しかし江戸時代《えどじだい》などは、江戸の町のウンコは農家がお金を出したり野菜などと交換《こうかん》したりして持っていき、大切な肥料《ひりょう》として使っていました。そして現在《げんざい》でも、鶏糞肥料《けいふんひりょう》や牛糞《ぎゅうふん》肥料など、家畜《かちく》のウンコでつくった肥料が使われています。

自分にとって役に立たないウンコが、植物の生育に役立つのは、動物である自分（ヒト）と植物では、その生き方がまるでちがっているからです。そしておなじ動物でも、ヒトと牛や馬、ライオン、鳥、魚、虫などでは、それぞれの食べものもウンコの中身（質《しつ》）もちがいます。だからヒトのウンコは、ほかの獣《けもの》や虫にも食べられてしまいます。

何メートル、何十メートルにもなる大きな樹木《じゅもく》も、最初はちいさな種です。その種が芽生えて大木になるには、たくさん食べて生長し、そして食べれば植物だって残りカスのウンコをしているはずです。菌類《きんるい》のキノコだって、目に見えないほど微小《びしょう》な胞《ほう》子《し》から始まり、目に見える大きさのキノコになるまでには、なにかを食べて、そしてウンコもしてきたはずです。

多くの種類の動物・植物・菌類が暮《く》らす自然の中で、それぞれの生きものはみな、食べてウンコをして成長し、子孫を残して死んでいきます。それなのに森の中には、ウンコも死がいもあまり見当たらず、つねにさわやかな風景が広がっています。それは、自然の中ではウンコも死がいもゴミにはならずに、ほかの生きものの食べものになっているからです。

「ウンコは汚《きたな》い」と多くの人は考えていますが、それは人間社会の中で、ヒトや動物のウンコに対する、においや見た目からくる感情《かんじょう》が大きくはたらいているからでしょう。そうではなくて、さまざまな生きものが生活する大きな自然の中で、ウンコとはどのようなものなのかを、冷静な目で見直してみたいと思います。


そこでまず最初に、この本のタイトルの「ウンコロジー」について、すこし説明しておきます。ふだんみなさんがよく耳にする「エコロジー」という言葉は、「生態学《せいたいがく》」のことですね。エコが「生態」、ロジーが「学」です。つまり、このウンコロジーの意味は、おもしろ半分のウンコ話ではなく、きちんとウンコを知るための「ウンコ学」のことなのです。

臭《くさ》くて汚いからと遠ざけていてはけっして見えないウンコの実体を、自然という大きな循環社会《じゅんかんしゃかい》の中で、科学的な目で見直してみようというのがウンコロジーです。むしろ、「ウンコで考えるエコロジー」といえるかもしれません。

1973年にし尿処理場建設反対運動《にょうしょりじょうけんせつはんたいうんどう》を知り、このままではいけないと自分のウンコに向きあうようになるまでは、わたし自身もウンコなんて汚《きたな》いだけのものだと遠ざけていました。ところがノグソをし始め、自然の中でのウンコに関心を持ち、観察し、さらに土に埋《う》めたウンコを掘《ほ》り返《かえ》して調べるにつれ、思いもよらないウンコのすばらしさがつぎつぎと目の前にあらわれてきたのです。それはまさに、「目からウロコが落ちる」心境《しんきょう》でした。

こんな大切なことを、どうして学校の勉強では教えてくれなかったのだろう。ヒトが生きものとして生きていく上で、もっとも基本的《きほんてき》なことなのに！　糞土師《ふんどし》になったわたしのいまいちばんの願いは、ひとりでも多くの人にウンコロジーを知ってもらうことです。この本を手にしたあなたにはぜひ、「目からウンコ」のウンコロジーを、最後までしっかり便強してほしいと願っています。

もくじ

3章　ウンコで生まれたあたらしい命

4章　自然と共生するために

1章
世界はウンコとごちそうでできている

食べてつながる生きものたち（食物連鎖《しょくもつれんさ》）

わたしたちは毎日、いろいろなごちそうを食べて生きています。そして自然の中では、たくさんのさまざまな生きものが、それぞれにいろんなものを食べて生きています。木の葉や草を食べる虫もいれば、その虫を食べるカエルや小鳥もいます。そしてカエルはヘビに食べられ、そのヘビや小鳥はもっと強いタカやワシに食べられたりと、いろいろな動物が食べたり食べられたりしながら生きています。また、バッタやキリギリス、ウサギやウマなどの草食動物が食べている植物だって生きものですから、なにかを食べないと生きていけません。そして、キノコやカビなどの菌類《きんるい》だって、おなじ生きものです。

そこでこの本では、動物だけでなく、植物や菌類が食べているそれぞれの食べものも、すべて「ごちそう」とよぶことにします。

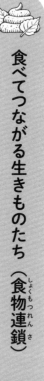

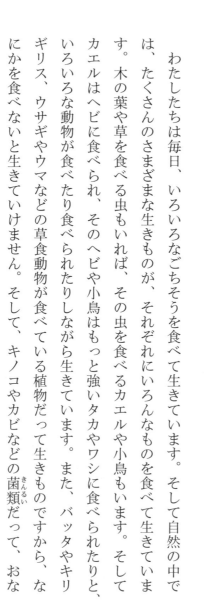

植物のごちそうというと、なにを思いつきますか？　根から吸《す》い上《あ》げる水や土の中にふくまれる養分ももちろん大切ですが、それだけではなく、空気中の二酸化炭素《にさんかたんそ》と太陽の光も欠かせない重要なものです。植物は二酸化炭素と水と太陽の光エネルギーを使って（食べて）、光合成をしてブドウ糖《とう》をつくります。このブドウ糖が、すべての生きものが生きるために必要なごちそうの、最初のすがたです。そして植物は、根で吸い上げた（食べた）チッソやリンなどを使って、このブドウ糖からさらに、でんぷんやセルロース（食物繊維《しょくもつせんい》）などの炭水化物《たんすいかぶつ》や、脂肪《しぼう》、たんぱく質《しつ》などのさまざまな栄養をつくって生長し、生きています。

このように最初にごちそうをつくるのが植物で、それを草食動物が食べ、それを肉食動物が食べ、さらに強い肉食動物がそれを食べる。この順々に食べられていくようすが、くさりのようにつながっているということで、これを「食物連鎖《しょくもつれんさ》」といいます。この食物連鎖は海の中では、光合成をする小さな植物プランクトン→動物プランクトン→小魚→大きな魚というように続きます。

この食物連鎖は、小さな弱い動物から順々に強い動物に上っていくので、これを「上りの食物連鎖」ということもできます。

植物による光合成のしくみ

先に、生きものにとって必要な最初のごちそうは、植物の光合成でつくられると書きました。では光合成とは、具体的にどのようなものなのでしょう。光合成を理解《りかい》するために、まず最初に原子《げんし》と分子《ぶんし》についてすこし説明しておきます。

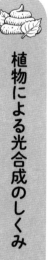

どんな物質《ぶっしつ》でもすべて、きわめて小さな粒子《りゅうし》（つぶ）が集まってできていて、そのつぶを「原子」といいます。原子には、金や鉄、水素《すいそ》、酸素《さんそ》、炭素《たんそ》など、およそ１００種類ありますが、水素をＨ、酸素をＯ、炭素をＣというようにアルファベットで表したものを「原子記号《げんしきごう》（元素《げんそ》記号）」といいます。ちなみに、前に出てきたチッソの原子記号はＮ、リンはＰです。

さらに、いくつもの原子がくっついて「分子」になることで、さまざまな性質《せいしつ》を持った物質ができあがります。たとえば、空気中にある酸素は、酸素原子Ｏが２個《こ》

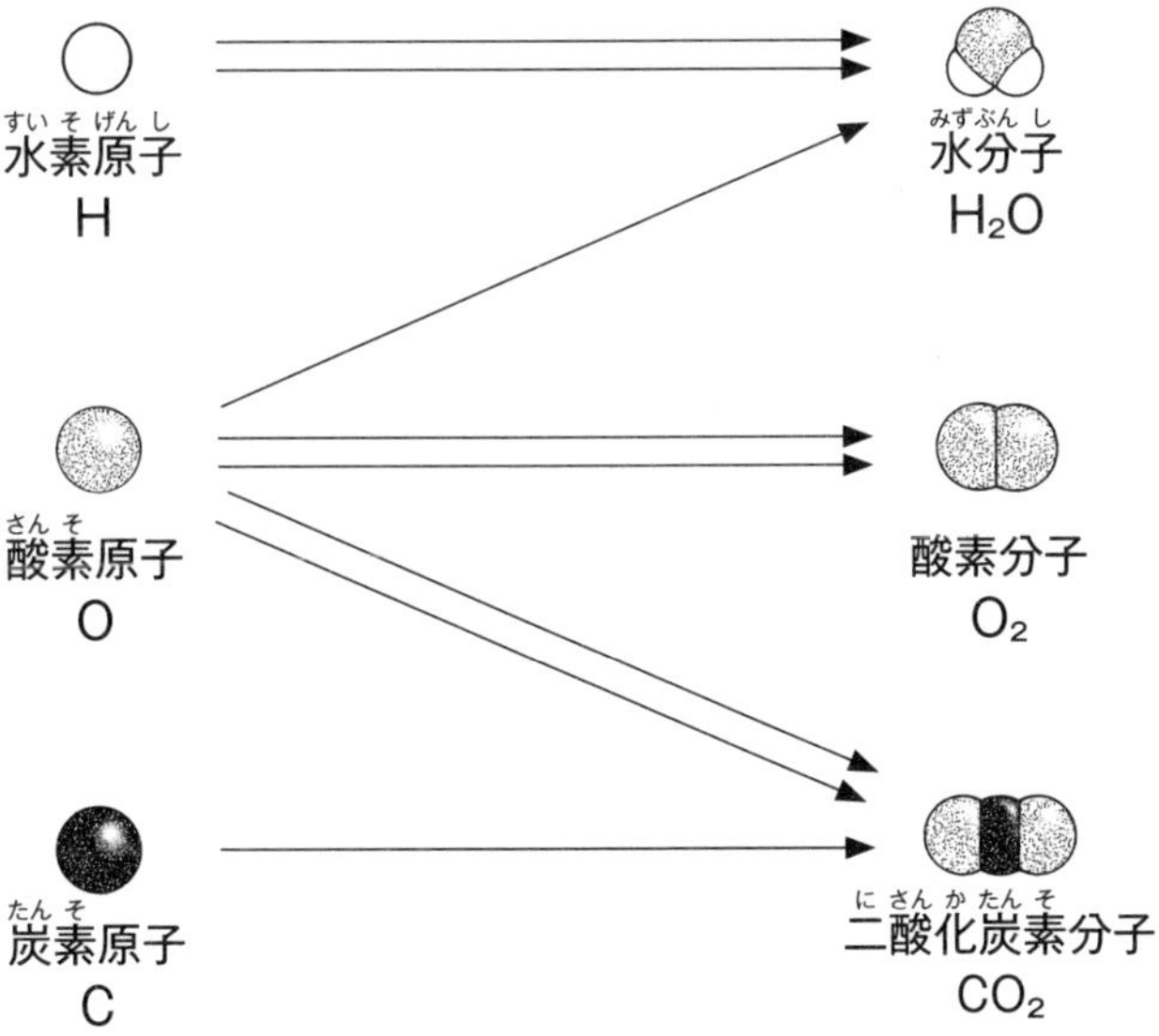

くっついた酸素分子《さんそぶんし》で、O_2と表します。二《に》酸化炭素《さんかたんそ》は、酸素原子《げんし》Oが2個と炭素原子《たんそげんし》Cが1個くっついたもので、CO_2です。そして水は、水素原子Hが2個と酸素原子Oが1個くっついたもので、H_2Oとなります。

　これらの原子と分子を、わかりやすく図で表すと、上の図のようになります。

　緑色植物の葉の細胞内《さいぼうない》には葉緑体があり、光合成はその葉緑体の中で行なわれます。光合成に使われる材料は、太陽の光と、根で吸《す》い上《あ》げた水（H_2O）、それから、気孔《きこう》という葉の表面にある小さな穴《あな》から取りこんだ、空気中の二酸化炭素（CO_2）の三つです。そしてH_2OとCO_2は葉緑体の中で、ふたつの反応《はんのう》を起こします。

ひとつめの反応では、光エネルギーを使って水分子H_2Oから、植物が使えるエネルギーをつくりだします。そのときに、H_2O 12分子の中にある酸素原子《さんそげんし》O 12個《こ》は、使われないまま酸素分子O_2 6個となって、外へ放出されます。この反応には光を使うため、これを「明反応《めいはんのう》」といいます。

明反応で発生したエネルギーは、植物自身が生きるために使うだけではなく、その一部は二酸化炭素《にさんかたんそ》CO_2から、ブドウ糖《とう》$C_6H_{12}O_6$をつくるために使われます。CO_2 6分子の中にある炭素原子《たんそげんし》C6個とO6個はブドウ糖の中に、残りのO6個はあらたにつくられるH_2O 6分子の中にふくまれます。このふたつめの反応は光を使わないので、「暗反応《あんはんのう》」といいます。そしてブドウ糖にはエネルギーが蓄《たくわ》えられて、これが生きものの世界の最初のごちそうになります。

CO_2 6分子とH_2O 12分子、そして光エネルギーを使う光合成反応《こうごうせいはんのう》の全体を、図で表すと左のようになります。このように、化学反応《かがくはんのう》を原子記号を使って表したものを「化学式」といいます。

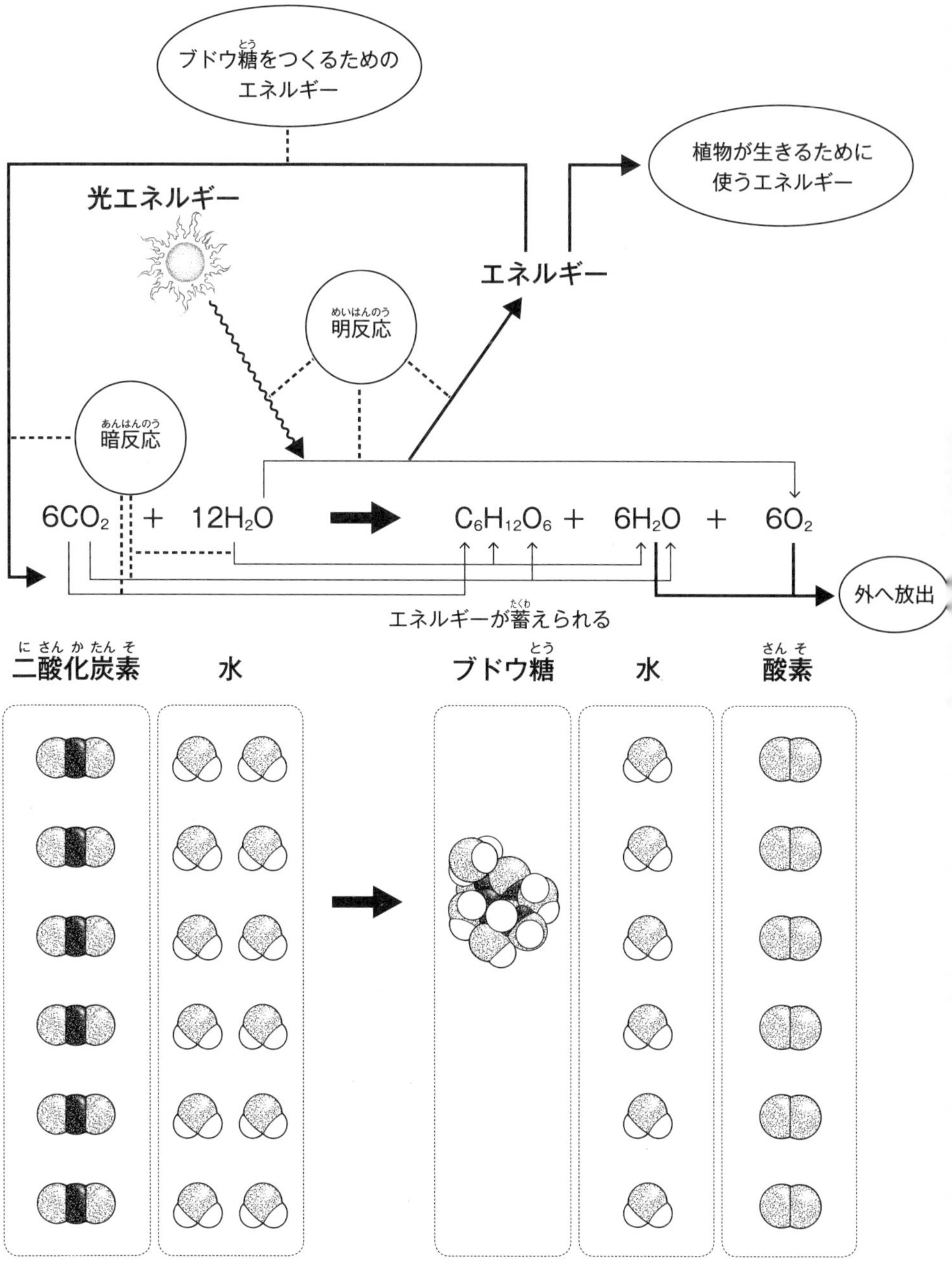
ブドウ糖《とう》をつくるための
エネルギー
植物が生きるために
使うエネルギー
光エネルギー
エネルギー
明反応《めいはんのう》
暗反応《あんはんのう》
$6CO_2 + 12H_2O \rightarrow C_6H_{12}O_6 + 6H_2O + 6O_2$
外へ放出
エネルギーが蓄《たくわ》えられる
二酸化炭素《にさんかたんそ》
水
ブドウ糖《とう》
水
酸素《さんそ》

腐《くさ》ってつながる生きものたち（下りの食物連鎖《しょくもつれんさ》）

さて、どんな動物でも食べればかならずウンコをします。そしてタカやワシ、ライオンやトラなど、上りの食物連鎖《しょくもつれんさ》の頂点《ちょうてん》にいる強い動物だけでなく、食われずにすんだ動物も、いつかは死んでしまいます。ということは、食物連鎖の最後はウンコと死体だらけになってしまうはずです。しかし実際《じっさい》には、自然の中でそういう光景はほとんど見られませんね。なぜでしょう？

ここまで話してきた食物連鎖は、生きている植物や動物を食べることでつながるもので、これを「生食連鎖《せいしょくれんさ》」といいます。それに対して、枯《か》れ木《き》や落ち葉、動物の死体やウンコなど、死んだものから始まる食物連鎖もあるのです。それを「腐食連鎖《ふしょくれんさ》」といいます。これはつまり「上りの食物連鎖」に対して、「下りの食物連鎖」ともいえるものです。

アフリカにいるハイエナは、動物の死体を食べる獣《けもの》としてよく知られています。また、シデムシ（死出虫《しでむし》、「死体から出てくる虫」の意味）などのように、死体の肉を食べる昆虫《こんちゅう》もたくさんいます。落ち葉や枯《か》れ木《き》は木の死んだものですが、庭や公園などでよく見られるダンゴムシは落ち葉を食べ、枯れ木の中ではカミキリムシの幼虫《ようちゅう》などが生活しています。そして、これらの動植物の死がいを食べる獣や虫も、みんなウンコをしているのです。なかには、スカラベ（タマオシコガネ・フンコロガシ）やセンチコガネなどのフン虫や、ハエなどのように、獣や人のウンコを食べる生きものだっています。そしてそれらの虫たちも、やっぱりウンコをします。

そうすると、それらのウンコは放っておいてもカビが生えたりして、腐《くさ》っていきます。この腐るということが、じつは菌類《きんるい》のカビやキノコやバクテリアが、食べて分《ぶん》解《かい》しているようすなのです。カビやキノコが菌糸《きんし》から消化酵素《しょうかこうそ》を出してウンコを分解（消化）して、自分に必要な養分を吸収《きゅうしゅう》したあとに残ったものが、空気中に放出する二酸化炭素《にさんかたんそ》と、土の中に取り残されるチッソやリン、カリウムなどの無機養分《むきようぶん》です。だからこれらは、「菌類のウンコ」と考えていいでしょう。そしてこの菌類のウンコは、植物によって二酸化炭素は葉から、無機養分は根から吸収されて（食べられて）、

ワシ・タカ類の死がいに生えたホネタケ。腐《くさ》りにくい骨《ほね》や爪《つめ》、羽などを分解《ぶんかい》する

あらたに植物の体に生まれ変わります。そして、生食連鎖《せいしょくれんさ》がふたたび始まるのです。

キノコの本の中ではよく、「キノコは森の掃除屋《そうじや》」と表現《ひょうげん》されることがあります。多くのさまざまな生きものが暮《く》らす森の中では、それらの死体やウンコも大量にあるはずです。しかし、森がつねにすがすがしさを失わないのは、キノコをはじめとする多くの菌類《きんるい》が、地面の下でこっそりと死んだものを土に還《かえ》し、あらたな命に生き返らせるというすごいはたらきをしているからなのです。菌類にとってそれは、自分が生きていくために食べてウンコをしているだけのことなのですが……。

生きものは、エネルギーで生きている

生きるということは、生きものが生命活動をするということで、そのためにはエネルギーが必要です。そのエネルギーには、体を動かすための運動エネルギーや、体温を保《たも》ったりする熱エネルギー、そして神経《しんけい》を通して感覚を脳《のう》に伝えたり、脳からの信号を体のすみずみに伝えたりする電気エネルギーなどがあります。さらにホタルやチョウチンアンコウ、ツキヨタケなどの発光生物にとっては、光エネルギーも欠かせません。

それらのエネルギーを得《え》るために必要なのが、ごちそうです。ごちそうを食べて体をつくるということは、生きるエネルギーを取り出すための栄養を、体の中に蓄《たくわ》えることです。つまり生きものの体というのは、ごちそうの貯蔵庫《ちょぞうこ》でもあるわけです。そして体の中に貯蔵した栄養をエネルギーに変えるのが、じつは呼吸《こきゅう》なのです。

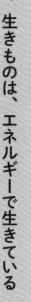

呼吸《こきゅう》は第二の食事

つぎに、ごちそうからエネルギーを取り出す「呼吸《こきゅう》」について考えます。ふつうは呼吸というと、口や鼻から空気を吸《す》いこみ、肺《はい》の中で酸素《さんそ》を取《と》りこみ、いらない二酸《にさん》化炭素《かたんそ》を空気とともにはきだすこと、と考えるでしょう。しかし、呼吸の本当に大切なはたらきは、体の中、それも細胞《さいぼう》の中で行なわれています。

肺の中で血液《けつえき》に取りこまれた酸素は、血液の流れで全身の細胞に送りこまれます。細胞の中では、炭水化物《たんすいかぶつ》や脂肪《しぼう》、たんぱく質《しつ》などのごちそうが分解《ぶんかい》してできたブドウ糖《とう》（$C_6H_{12}O_6$）と、水（H_2O）と酸素（O_2）が反応《はんのう》して、エネルギーを発生します。これを「内呼吸《ないこきゅう》」といい、それを化学式で表したのが左の図です。

このときにブドウ糖は、酸化《さんか》されて二酸化炭素が発生します。この二酸化炭素はいらないカスなので、こんどは血液が二酸化炭素を肺に運び、はきだす息とともにそれ

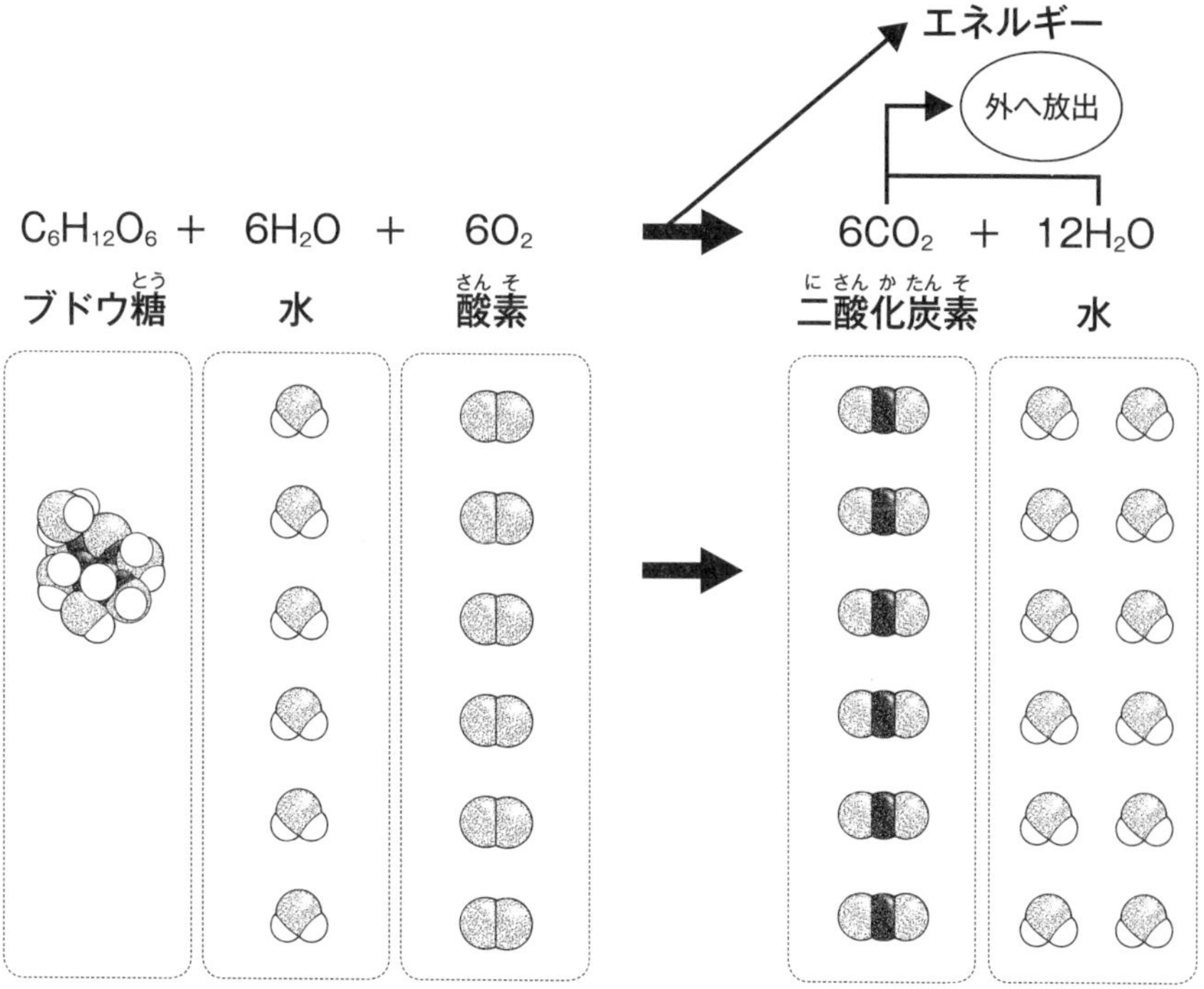

を体の外に出します。

こうして見てみると、呼吸《こきゅう》は食べることとよく似《に》ていると思いませんか？　どちらも生きるために欠かせない大切なことで、しかも必要だから取り入れるものと、いらないから捨《す》てるものがあります。食事ではごちそうを食べてウンコを出す。呼吸では酸素《さんそ》を食べて、二酸化炭素《にさんかたんそ》というウンコを出す。だからわたしは、呼吸は第二の食事ではないかと考えています。つまり、ごちそうを食べて体をつくるのが第一の食事で、呼吸という第二の食事で、生きるためのエネルギーをつくりだしているのです。

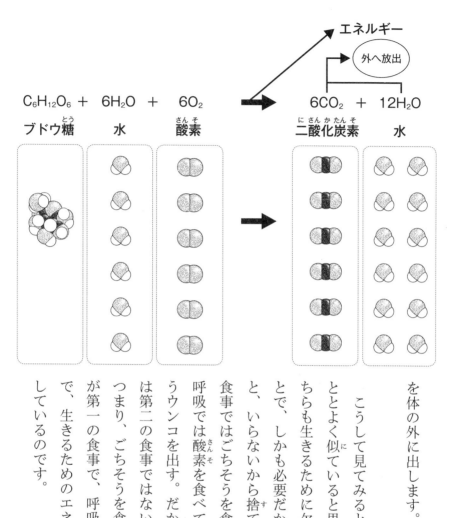

あたりまえのことですが、火はどうして熱いのか、みなさんはそんなことを考えたことがありますか？

落ち葉や木を燃《も》やすと、熱い炎《ほのお》が上がります。木も葉もけっして温かくないのに、燃えると熱いのはどうしてなのでしょう。それは、植物が光合成をしてできたブドウ糖《とう》の中に太陽からとどいたエネルギーを取《と》りこみ、それを葉っぱや木の中に閉《と》じ込《こ》めておいたからなのです。

その閉じ込められていたエネルギーが、木や葉をつくっている植物繊維《しょくぶつせんい》（炭水化物《たんすいかぶつ》）と酸素《さんそ》が反応《はんのう》して燃えるときに、熱エネルギーとなって飛び出してくるから、火は熱いのです。つまり、火の温かさのおおもとは、太陽の温かさなのです。しかもその温かさは、何年も何十年も前にこの地球にとどいた、過去《かこ》の太陽の温かさだったのです。

このように、わたしたちもふくめて多くの生きものが生きていくために必要なエネルギーは、植物が行なう光合成のおかげだったのですね。そしてその植物が生長するために必要な二酸化炭素《にさんかたんそ》や土の中の無機養分《むきようぶん》を提供《ていきょう》していたのが、動植物の死体やウンコを食べて分解《ぶんかい》してくれる菌類《きんるい》なのです。

動物・植物・菌類というさまざまな生きものが、おたがいに生かし合っている自然《しぜん》生態系《せいたいけい》の中でしか、わたしたちは生きていけません。そして、すべての生きものの命のもとになるのが、それぞれにとってのごちそうです。そしてそれは、ほかの生きものが出したウンコでもあるのです。

わたしたちが暮《く》らすこの地球は、「生命の星」ともいわれます。その生命の星、つまり世界は、ウンコとごちそうでできているのです。

それぞれの「ごちそう」と「ウンコ」

生きものを大きくわけると、動物、植物、菌類《きんるい》（キノコ、カビ、酵母《こうぼ》、バクテリア［細菌《さいきん》］）の三つにわけられます。では、それらは生きるためになにを食べ、どんなウンコをしているのか、まとめてみましょう。

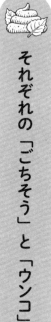

まずは食べものから見ていくと、おなじ動物でもウサギやウマなどの草食動物は草（植物）を食べ、ライオンなどの肉食動物は肉（動物）を食べます。そしてわたしたちヒトは、なんでも食べる雑食動物《ざっしょくどうぶつ》で、米や野菜、くだものなどの植物性食品《しょくぶつせいしょくひん》、肉や魚などの動物性食品《どうぶつせいしょくひん》、そしてキノコなどの菌類も食べています。

つぎに草花や樹木《じゅもく》などの植物は、光合成でつくったブドウ糖《とう》をもとにした植物繊維《しょくぶつせんい》などで体をつくって生きています。その光合成をするときに食べるのが、二酸化炭素《にさんかたんそ》と水、太陽の光エネルギーです。また、ブドウ糖からさまざまな炭水化物や脂肪《しぼう》、た

水中に生えたコケが、光合成で
あまった酸素《さんそ》の泡《あわ》を放出する

んぱく質《しつ》などをつくりだすために、根から吸《す》い上《あ》げる無機養分《むきようぶん》も欠《か》かせません。

そして菌類《きんるい》は、枯《か》れ木《き》や落ち葉などの植物の死がいと、動物の死体やウンコなどがおもな食べものです。

さて、ウンコのほうは、ヒトでも獣《けもの》でも虫でも魚でも、動物が出すのはみんなウンコとよんでいますが、ここで注目したいのが植物と菌類《きんるい》のウンコです。ウンコとはなにかということを、もう一度おさらいします。

動物は、食物を食べて消化し、養分を吸収《きゅうしゅう》したあとの残りカスを体の外へ排泄《はいせつ》します。これが動物のウンコです。

植物は光合成をするときに、葉の表面などにある気孔《きこう》（小さい穴《あな》）を通して空気中の二《に》酸化炭素《さんかたんそ》を取りこみます。そして二酸化炭素の中の炭素《たんそ》と酸素《さんそ》、さらに水の中の水素《すいそ》を使ってブドウ糖《とう》をつくり、光合成であまった酸素は残りカスなので、外へ捨《す》てます。とい

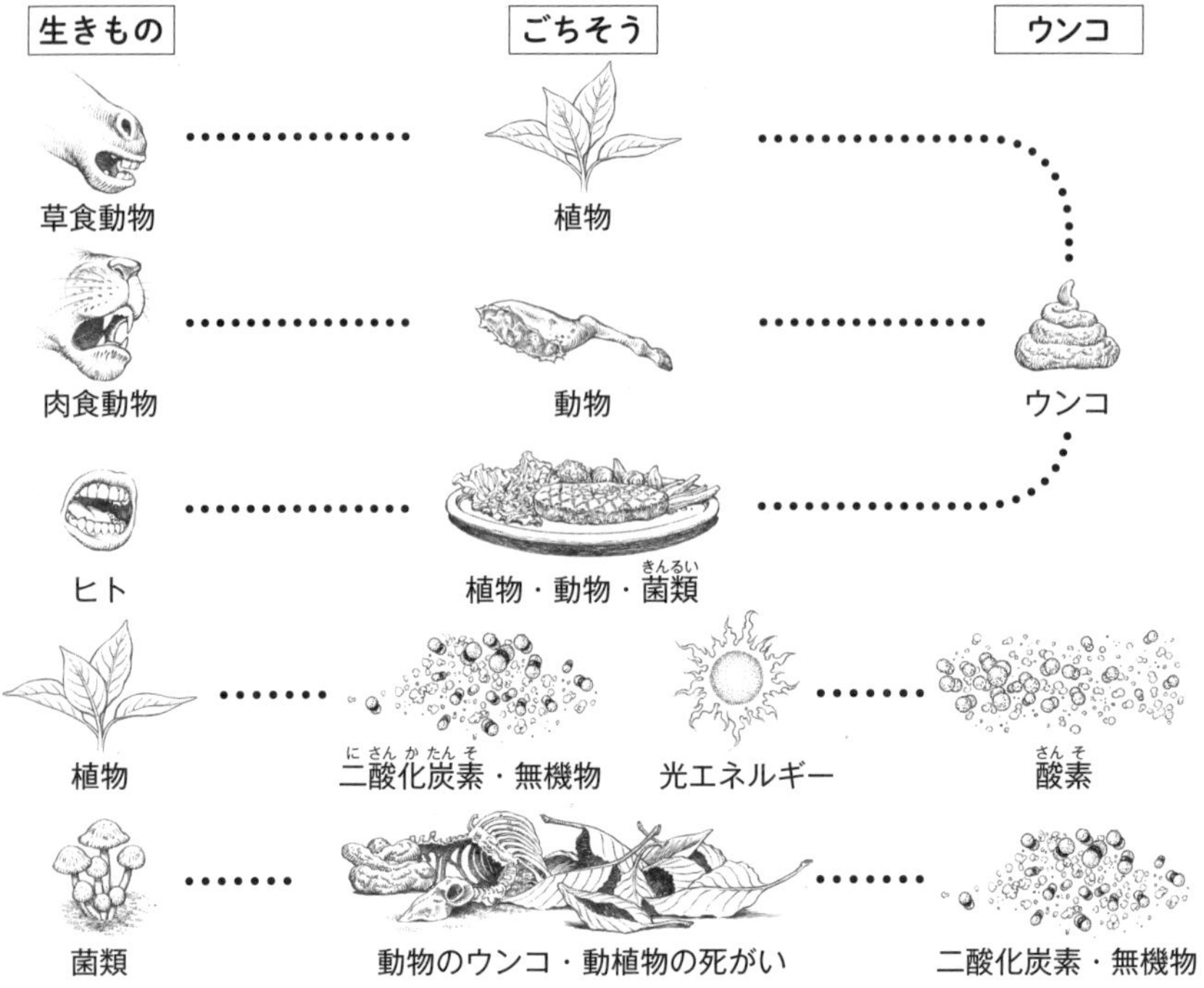

うことは、植物のウンコは酸素《さんそ》だ、ということになります。

菌類《きんるい》は枯《か》れ木《き》や落ち葉、動物の死体やウンコなどを消化して、さまざまな物質《ぶっしつ》に分解《ぶんかい》します。そして自分にとって必要な養分を吸収《きゅうしゅう》したあとには、二酸化炭素《にさんかたんそ》やチッソ、リン、カリウムなどの無機物が残ります。これらの無機物が菌類のウンコで、二酸化炭素は空気中に、それ以外の無機物は土の中に取り残されます。

それぞれの生きもののごちそうとウンコを整理すると、上のようになります。

じつは水も、植物の光合成などに欠かせない重要なものですが、生きものの体にもすべてふくまれているので、ここでは除《のぞ》きます。

ヒトのごちそうの中に菌類《きんるい》が入っているように、わたしたちがふだん食べているものの中にも、菌類はたくさんふくまれています。菌類の体であるキノコだけでなく、チーズや乳酸菌飲料《にゅうさんきんいんりょう》、お酒、みそ、しょう油、納豆《なっとう》など、菌類がつくる発酵食品《はっこうしょくひん》をたくさん食べています。その発酵食品とは、いったいどういうものなのでしょう。

たとえばヨーグルトは、牛乳《ぎゅうにゅう》やヤギ・ヒツジなどの乳《ちち》にふくまれる糖類《とうるい》（乳糖《にゅうとう》）を、乳酸菌が分解《ぶんかい》して乳酸に変えたものです。ということは、乳酸菌が乳糖を食べて出したウンコが乳酸、つまりヨーグルトということですね。

そしてもうひとつ、日本酒の原料は、米とこうじ（コウジカビ）と酵母《こうぼ》（酵母菌《こうぼきん》）です。米を蒸《む》すとでんぷんになり、それをコウジカビが食べて糖類を出します。するとその糖類を酵母菌が食べて、アルコール（お酒）を出す。つまり、コウジカビのウンコを食べて出た酵母菌のウンコが、お酒なのです。発酵食品はみんな、菌類のウンコだったのですね。

わたしたちヒトは植物と動物の体だけでなく、菌類の体もウンコも食べ、さらに呼吸《こきゅう》まで考えれば、植物のウンコも食べないと生きていられないのです。

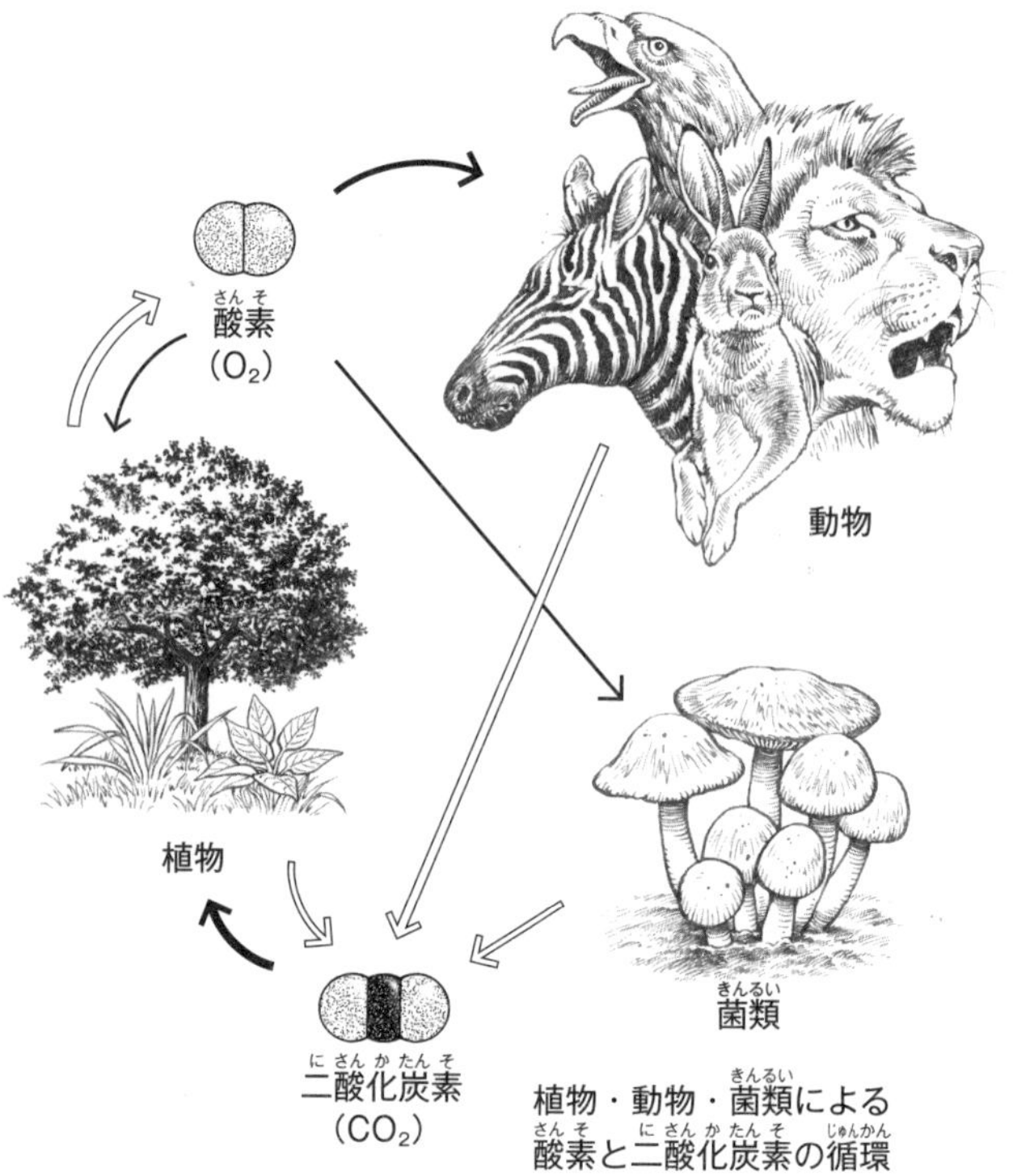

植物・動物・菌類《きんるい》による
酸素《さんそ》と二酸化炭素《にさんかたんそ》の循環《じゅんかん》

からみあう命のつながり（食物網《しょくもつもう》）

このように動物・植物・菌類《きんるい》が、それぞれの体やウンコを食べながら生きていく関係を表したのが、左の図です。ただしこれは、基本的《きほんてき》なものだけを表しています。

また、すべての生きものは、食べるだけでなく、呼吸《こきゅう》もして生きています。そのときにやりとりする、酸素《さんそ》と二酸化炭素《にさんかたんそ》の関係を示《しめ》したのが上の図です。

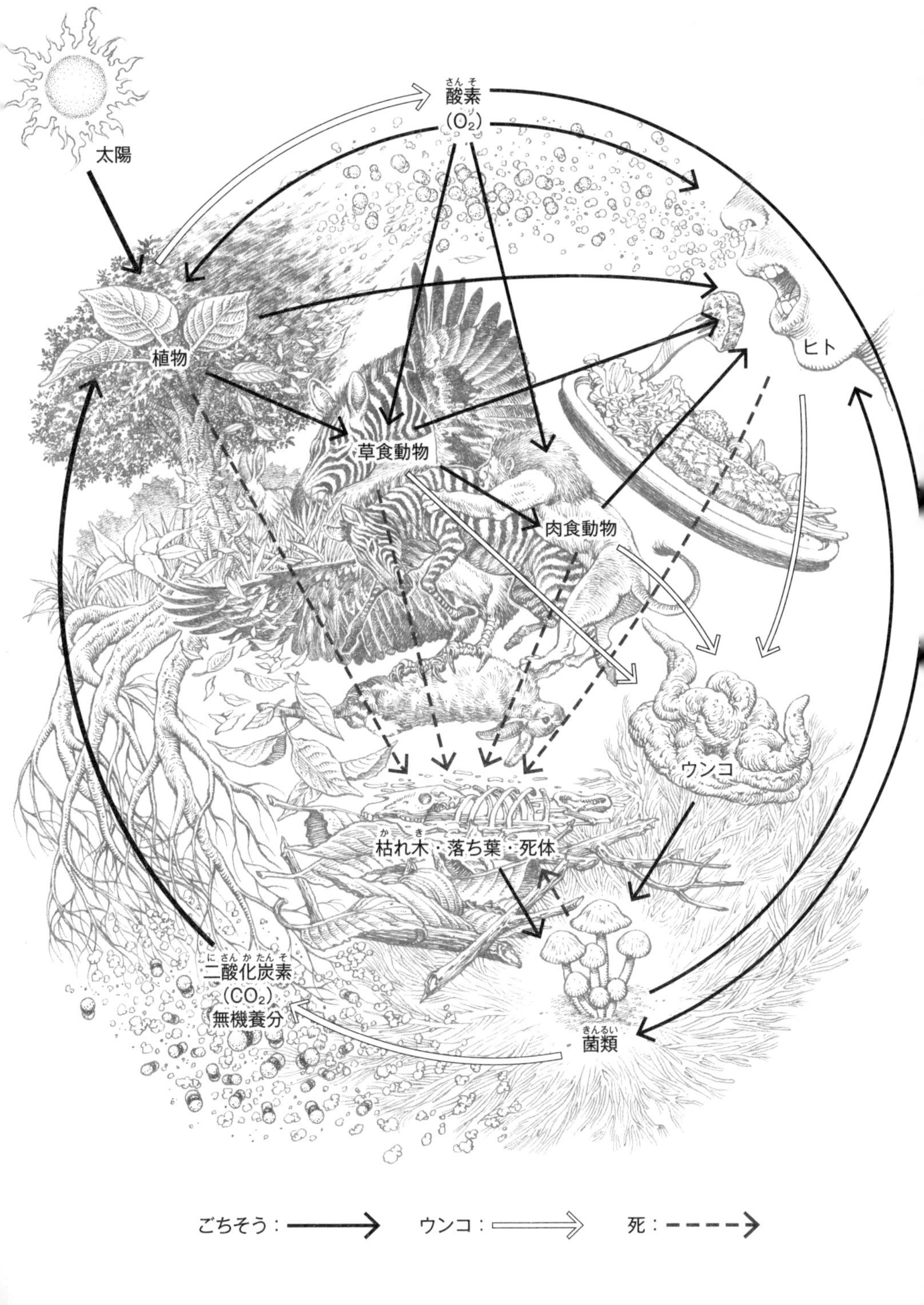

太陽
酸素《さんそ》
(O_2)
植物
草食動物
肉食動物
ヒト
ウンコ
枯《か》れ木《き》・落ち葉・死体
二酸化炭素《にさんかたんそ》
(CO_2)
無機養分
菌類《きんるい》
ごちそう：
ウンコ：
死：

ミヤマツチトリモチ。
カエデなどの根に寄生する

ヤグラタケ。クロハツに寄生《きせい》する

「腐《くさ》ってつながる生きものたち（22ページ）」で書いたように、死体やウンコを食べる動物もいれば、ヒト以外にも菌類《きんるい》を食べる生きものはたくさんいます。たとえばヤグラタケというキノコは、クロハツというキノコに寄生《きせい》して生きています。ということは、キノコがキノコを食べているわけです。また、植物なのに葉緑体を持っていないツチトリモチやヤッコソウ、ギンリョウソウなどは、光合成ができないために、他の植物に寄生したり、菌類と共生して腐った生きものから栄養を得《え》て、生きています。そうかと思うと、植物でもないのに光合成《こうごうせい》をして、自分で栄養をつくる「光合《こうごう》成細菌《せいさいきん》」というバクテリアまでいます。

ギンリョウソウ。根に菌類《きんるい》が共生し、腐《くさ》った落ち葉などから栄養を得《え》る

ヤッコソウ。スダジイなどに寄生《きせい》する

そして、菌類《きんるい》だって死ぬし、その菌の死体をまた別の菌類が食べるというように、一方向にだけ進むのではなく、その関係は実際《じっさい》には網《あみ》の目のように複雑《ふくざつ》にからみ合っています。だからそれを、食物連鎖《しょくもつれんさ》ではなく「食物網《しょくもつもう》」といいます。

さまざまな生きものがおたがいに生かし合う自然の中で、ウンコがいかに大切な役《やく》割《わり》をはたしているか、理解《りかい》してもらえたと思います。まさに「ウンコはごちそう」。ヒトにとって直接《ちょくせつ》役に立つことはなくても、それはめぐりめぐって自分に帰ってきます。このように、自然には無駄《むだ》なものなどいっさいないのです。

キノコの一生（ライフサイクル）

動物や植物に比《くら》べて菌類《きんるい》はなじみがうすく、キノコやカビなどの一生はあまり知られていません。シイタケやマツタケなどのように、傘《かさ》とヒダのあるキノコを例に、菌類の一生をかんたんに紹介《しょうかい》します。

キノコの一生は「胞子《ほうし》」から始まります。じつはキノコの胞子には四つの性《せい》があって、オスにあたるものがふたつ、メスにあたるものがふたつあります。胞子が発芽すると、細長い糸のような「菌糸《きんし》」になり、オスとメスにあたるふたつの菌糸がいっしょになると一人前の菌糸（二核菌糸《にかくきんし》）になり、やがて綿《わた》のかたまりのように菌糸がからまりあった「菌糸体《きんしたい》」に成長します。その菌糸体から「キノコ」を生やして、ヒダの部分に胞子をつくり、つぎの世代に命をつなげます。つまり、菌糸体がキノコの本体で、キノコとよんでいる部分は、植物でいえば種をつくるための花にあたります。

成長した菌糸体から生えるオオホウライタケ

菌糸体《きんしたい》は枝分《えだわ》かれしながら成長する

落ち葉の表面に広がる菌糸体

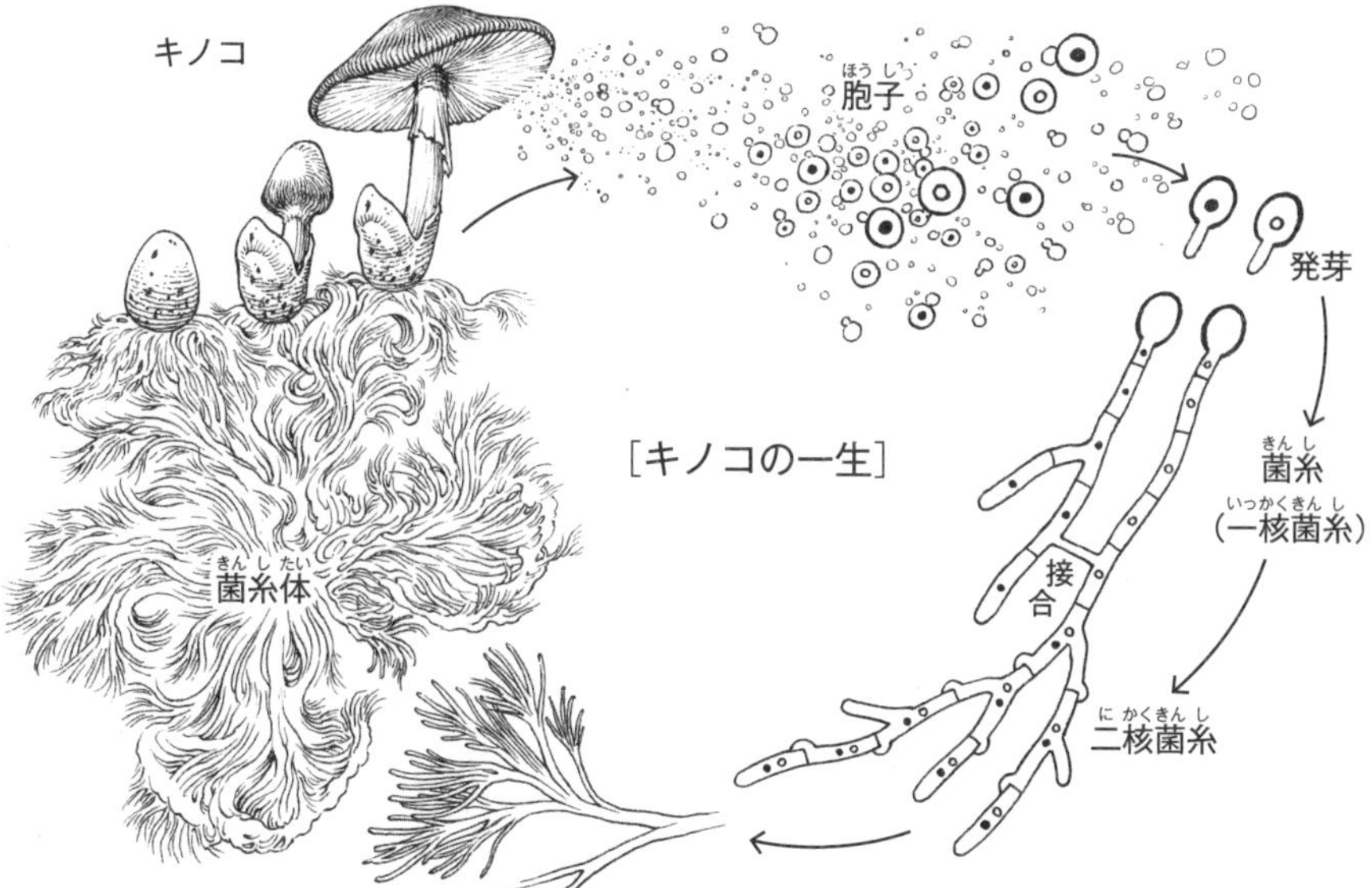

キノコのはたらき

キノコは動植物の死がいやウンコを分解《ぶんかい》するだけでなく、その他に「寄生《きせい》」や「共生」というはたらきもしています。

寄生とは、生きている動植物にとりついて養分を奪《うば》ったり、殺《ころ》してしまうことです。いろいろな虫に寄生してキノコを生やす、セミタケやハナサナギタケ、ハチタケなどの冬虫夏草《とうちゅうかそう》や、ナラタケ病をおこして立ち木を枯《か》らしてしまうナラタケなどがあります。つまり病原菌《びょうげんきん》でもあるのですが、けっして悪いことばかりではありません。きずついて弱ったり、ふえすぎてストレスがたまった生きものを殺して取りのぞき、元気なものだけを残します。そしてそれは、健全な自然が全体のバランスをとって安定するために大切なことでもあるのです。やさしさや思いやりなどという人間社会の価値《かち》観《かん》だけでは、自然の中の生きもののすがたを正しく理解《りかい》することはできません。

立ち木に寄生《きせい》するオニナラタケ

ハチタケ

ガのサナギに生えるハナサナギタケ

ヤクシマセミタケ

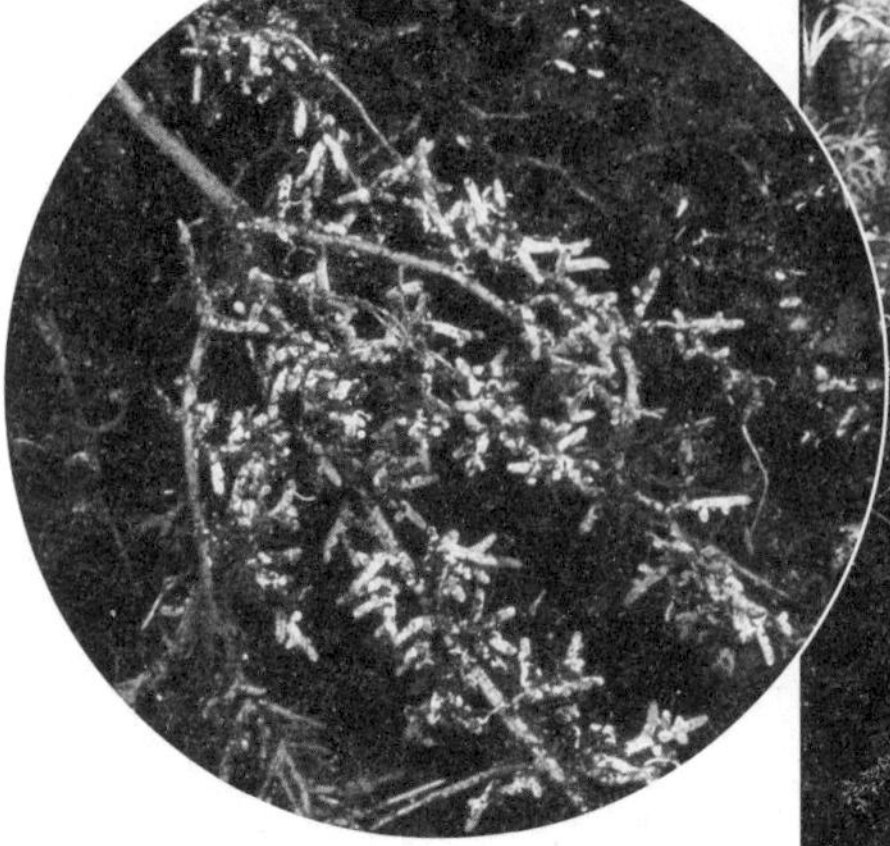

シラカバの根にできた
ベニテングタケの菌根《きんこん》

ベニテングタケの根元を掘《ほ》る

共生はその名のとおり、共に生かしあうこと。植物の根とキノコの菌糸《きんし》が一緒《いっしょ》になって「菌根《きんこん》」というものをつくり、そこでおたがいに必要とする養分を与《あた》えあっています。このように植物と共生するキノコを、「共生菌《きょうせいきん》」とか「菌根菌《きんこんきん》」といいます。

植物は光合成でつくった糖類《とうるい》をキノコに与え、キノコは土の中から吸《す》い上《あ》げた水分と無機養分《むきようぶん》を植物に与えます。シラカバとベニテングタケや、マツとマツタケ、マツとチチアワタケなど、多くの樹木《じゅもく》とキノコが共生関係にあります。やせた土地でも立《りっ》派《ぱ》な林が生育できるのは、分解菌《ぶんかいきん》が落ち葉や枯《か》れ木を分解《ぶんかい》して無機養分をつくるだけでなく、共生菌もいるおかげなのです。

シラカバと共生するベニテングタケ

クロマツ林に生えたチチアワタケ

マツの根にできた菌根《きんこん》

2章

正しくたのしいノグソをしよう

トイレに流したウンコのゆくえ

トイレに流した自分のウンコが、どのように処理《しょり》され、最後はどうなっているのか、知っていますか？　汲《く》みとり式のトイレ（ぼっとん便所）が多かった半世紀《はんせいき》ほど前までは、肥料《ひりょう》にしたり土に埋《う》めたり、処理しきれないウンコは川や海に捨《す》てたりしていました。しかし下水道と水洗《すいせん》トイレが発達した現在《げんざい》は、おもに下水処理場《げすいしょりじょう》で処理され、肥料化や埋めたりするのは一部の地域《ちいき》にかぎられています。また、海に流せば魚のえさになり、漁業資源《ぎょぎょうしげん》にもなって自然に還《かえ》るのですが、海を汚染《おせん》するという理由でいまでは海洋投棄《かいようとうき》は禁止《きんし》されています。

下水処理場ではまず最初に、水にとけない固形物を取りのぞき、大きなタンクに入れて、元々ウンコの中にいる腸内細菌《ちょうないさいきん》を利用した「活性汚泥法《かっせいおでいほう》」でウンコを分解《ぶんかい》して無機物にします。水にとけたウンコに空気を注入すると、酸素《さんそ》を使った好気性分解《こうきせいぶんかい》が始まります。この好気性分解《こうきせいぶんかい》は、分解速度《そくど》が速く、においも消えていくのですが、これだけでウンコの分解がすべて完了《かんりょう》するわけではありません。ある程度《ていど》分解が進んだところで空気の注入をやめると、今度は酸素《さんそ》を使わない嫌気性分解《けんきせいぶんかい》に切りかわります。この嫌気性分解は、臭《くさ》いにおいもするし時間もかかるのですが、ウンコの成分をすべて分解するためには欠かせない工程《こうてい》なのです。わたしが見学した処理場《しょりじょう》では、好気性分解、嫌気性分解、好気、嫌気、好気と5回くり返していました。そして分解が終わると沈殿槽《ちんでんそう》に移《うつ》り、固形分の汚泥《おでい》（ヘドロ）と上澄《うわず》みの水分にわかれます。その水分はろ過《か》して消毒《しょうどく》し、活性炭《かっせいたん》で消臭《しょうしゅう》して川に流します。ヘドロは水分をしぼって燃《も》やし、最後にのこった灰《はい》はセメントの原料としてコンクリートに固めるのが、現在《げんざい》の基本的《きほんてき》なウンコの処理方法です。（地域《ちいき》によっては埋《う》め立《た》て処分《しょぶん》などもしています。）

さらに最近の水洗《すいせん》トイレは、ウォシュレットだけでなく節水や消臭、自動開閉《かいへい》、自動洗浄《せんじょう》などとさまざまな機能《きのう》がついて、清潔《せいけつ》さだけでなく、便利で豪華《ごうか》なものに進化しつづけています。しかし、ウンコが自然に還《かえ》り、あらたな命に生まれかわるという地球全体での命の循環《じゅんかん》を考えると、この進化は人間社会の内部だけのもので、かえって自然離《ばな》れを加速してしまうのではないかと心配になってしまいます。

ウンコの処理《しょり》に必要なもの

つぎに、水洗《すいせん》トイレに流したウンコの処理《しょり》に必要なものがどれくらいあるかを考えてみます。まず必要なのが、トイレをつくる資源《しげん》とエネルギー。おしりをふく紙は、樹木《じゅもく》を伐採《ばっさい》し（この中には貴重《きちょう》な熱帯雨林もふくまれています）、それを製紙工場《せいしこうじょう》まで運ぶエネルギーに加えて、木から紙をつくるために多くのエネルギーと化学薬品が使われ、その工場廃液《こうじょうはいえき》などで環境《かんきょう》が汚染《おせん》されます。トイレから下水道を通って処理場《しょりじょう》までの建設《けんせつ》にかかる資源とエネルギー。ウンコを流すための水道水と電力。そして処理場を稼働《かどう》するための電力や、消毒《しょうどく》や消臭《しょうしゅう》などに使う薬品類。汚泥《おでい》を燃《も》やすための重油などの化石燃料《かせきねんりょう》。焼やすときに発生する二酸化炭素《にさんかたんそ》は地球温暖化《ちきゅうおんだんか》にも影響《えいきょう》します。

参考までに、わたしが住んでいる田舎町《いなかまち》の処理場《しょりじょう》を見学し、ウンコの処理についていろいろ話を聞いたところ、つぎのようなことがわかりました。

この処理場《しょりじょう》では2018年度の1年間に、6万数千人分のウンコとオシッコを処理していますが、処理場を稼働《かどう》するための電力は155万キロワット／時、3100万円でした。ただしこの数字は、この年の電気代が高かったためで、平均《へいきん》すると2500万円くらいだそうです。汚泥《おでい》を燃《も》やすための重油は11万リットル、900万円。そして、焼却後《しょうきゃくご》に出た灰《はい》の量は70トンでした。この灰は、以前は近くの処理業者が肥料《ひりょう》にしていたそうですが、2011年の東日本大震災《ひがしにほんだいしんさい》で原発事故《げんぱつじこ》が起きてからは、セシウムなどの放射能汚染《ほうしゃのうおせん》が問題になり、肥料にすることができなくなりました。それ以降《いこう》は現在《げんざい》まで、開発が進んでいない土地がたくさん残っている茨城県《いばらきけん》北部の処分《しょぶん》場《じょう》で、埋《う》め立《た》てをしているそうです。

みなさんもぜひ、地元の下水処理場を見学して、自分のウンコがどのように処理されているのか調べてみてください。また、自分の家のトイレで流す水の量など、かんたんに調べられることもたくさんあります。そしてトイレに入ってウンコをするたびに、食べて奪《うば》った命のことや、出たウンコの行く末を考えることは、けっして無駄《むだ》なことではないと思います。

「正しいノグソのしかた」とノグソに必要なもの

わたしは長年ノグソを続ける中で、自然に悪影響《あくえいきょう》を与《あた》えず、他人にも迷惑《めいわく》をかけず、そしてウンコをする自分にとっても快適《かいてき》な、正しいノグソのしかたを編《あ》み出《だ》しました。キーワードは、「場所選び、穴掘《あなほ》り、葉でふき、水仕上げ、埋《う》めて、目印、年に1回」。

高山帯や高地の清流、水源地《すいげんち》など、分解力《ぶんかいりょく》の弱いところや水を汚染《おせん》する危険性《きけんせい》のある場所は避《さ》ける。踏《ふ》みつけたり汚《きたな》らしさを防《ふせ》ぐために、必ず穴を掘って埋める。腐《くさ》りにくい紙は使わず、葉っぱでふく。最後に少量の水で肛門《こうもん》を洗《あら》い清《きよ》めると、清潔《せいけつ》で気持ちもいい。埋めた穴の上に目印を立て、つぎのノグソまで1年以上あいだをあける。

この1年というのは、ウンコが分解《ぶんかい》する時間と、分解後の富栄養化《ふえいようか》した土から植物が無機養分《むきようぶん》を吸収《きゅうしゅう》して、土がもとの状態《じょうたい》にもどるまでの期間です。そうしないと富栄養化で自然のバランスが崩《くず》れて、悪影響を与えてしまうからです。

その正しいノグソに必要なものは、①地面に穴《あな》を掘《ほ》るスコップ、②おしりをふく葉っぱ、③仕上げに肛門《こうもん》を洗《あら》う水、④目印に立てる枯《か》れ枝《えだ》、⑤虫除《むしよ》けの五つです。

①…わたしが使っているノグソ用のスコップは、20年以上前に100円ショップで買ったもので、柄《え》が長すぎたので短く切りつめて持ち歩いています。しかし、林の地面はたいていやわらかく、靴《くつ》の先でかんたんに掘れるので、ほとんど使いません。実際《じっさい》にスコップが必要になるのは、よほど地面が硬《かた》い場合か、靴を汚したくないとき、そしてノグソの講習《こうしゅう》会《かい》でみんなに説明するときくらいのものです。

②…おしりをふく葉っぱは、やわらかくてふき心地のよいものを選び、ノグソに行く途《と》

中《ちゅう》の道端《みちばた》や林で採《と》ったり、落ち葉を拾ったりしています。お金がぜんぜんかからないだけでなく、むしろいい葉っぱを探《さが》すたのしさもあれば、紙よりずっとしりざわりが気持ちよく、ウンコをするのがたのしくなるなど、いいことだらけです。ふき心地のいい葉っぱの種類や、より気持ちよくふくための方法などは、拙著《せっちょ》『葉っぱのぐそをはじめよう』（山と溪谷社《けいこくしゃ》）にくわしく書いてあります。参考にしてください。

③…仕上げの水洗《みずあら》いは、まず最初にすこしの水で指をぬらし（乾《かわ》いているとウンコがこびりつく）、そのぬれた指で肛門《こうもん》をぬぐい、その指を洗い、またぬぐい……完全にウンコが落ちて、肛門をぬぐうとキュッキュッと音がするまでくり返し、最後に指を洗って終わります。ということは、10回くらい指を洗うとして、200〜300ミリリットルくらい水がないと、ちょっと不安です。そこでわたしは375ミリリットル入る、薄《うす》くて軽くて丈夫《じょうぶ》なペットボトルの、ウイスキー用ハーフボトルを長い間愛用してきました。しかし、水をピンポイントで指に当てられれば、もっと少ない量できれいになるはずです。わたしは数年前に舌《ぜつ》がんの治療《ちりょう》で入院し、そのときに病院でうがい薬を出してもらいました。その容器《ようき》の口は細長くのびていて、2ミリほどの小さな穴《あな》から液《えき》が出ます。その空容器《からようき》に水を入れて仕上げ洗いに使ってみると、半分以

ノグソの後の目印に、枯《か》れ枝《えだ》でバッテンを立てる

下の量できれいになってしまったのです。それは100ミリリットルの小さな容器《ようき》ですから、1回のノグソで使う水の量は、およそ30～50ミリリットルになります。

④…ノグソをして土に埋《う》めたウンコが分解《ぶんかい》し、土が元の状態《じょうたい》にもどるまでそっとしておくための目印は、その辺に落ちている細い枯《か》れ枝《えだ》などで十分《じゅうぶん》です。なにも用意する必要はなく、枯れ枝を適当《てきとう》な長さに折って、バッテンに立てるだけです。

⑤…ノグソでいちばんつらいのが、暖《あたた》かい季節の虫さされです。以前わたしは携帯《けいたい》蚊取《かと》り線香《せんこう》を使っていたのですが、風による不安定さなどもあり、現在《げんざい》はさわやかで虫除け効果《こうか》の高いハッカスプレーをおもに使っています。仕上げ洗《あら》い用の水を手のひらにすこしたらし、そこに数回スプレーし、両手で薄《うす》めて肌《はだ》が露出《ろしゅつ》するおしりや首、腕《うで》などにぬりひろげます。ただし、目に入ると痛《いた》くて大変なので、十分注意してください。

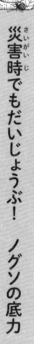

災害時《さいがいじ》でもだいじょうぶ！　ノグソの底力

自然と共生するという目的のほかに、葉っぱノグソには決定的なメリットがあります。それは災害時《さいがいじ》のサバイバルです。大地震《だいじしん》などの災害では電気も水も止まり、水洗《すいせん》トイレは使えなくなります。そんなときにノグソができれば、ウンコ問題はいっきに解決《かいけつ》し、生《い》き抜《ぬ》く力が段《だん》ちがいに高まります。

多くの犠牲者《ぎせいしゃ》が出た阪神《はんしん》・淡路大震災《あわじだいしんさい》（１９９５）、東日本大震災《ひがしにほんだいしんさい》（２０１１）、熊本地震《くまもとじしん》（２０１６）などの被災地《ひさいち》では、避難所《ひなんじょ》のトイレが大問題になりました。とにかく流せないので、便器はたちまちウンコでてんこ盛《も》り。床《ゆか》から手洗《てあら》い用の洗面台《せんめんだい》までいたるところウンコだらけになり、まもなくトイレは使えなくなりました。たとえ被災地に食糧《しょくりょう》や水がとどいても、食べれば出ることがわかっているために飲食をがまんしてしまい、体調を崩《くず》す人が大勢《おおぜい》出ました。熊本地震で亡《な》くなった人数は、土砂崩《どしゃくず》れや建物の下敷《したじ》きになるなど、地震《じしん》そのもので亡《な》くなった直接死《ちょくせつし》は50名です。それに対して、病気の治療《ちりょう》がうけられなくなったり、トイレ問題などで体調が悪化したことが原因《げんいん》の災害関連死《さいがいかんれんし》で亡くなった人は２２３名もいるのです。

東日本大震災《ひがしにほんだいしんさい》では、わたしの住む町も震度《しんど》6の揺《ゆ》れで大きな被害《ひがい》が出たのですが、さいわい原発事故《げんぱつじこ》での放射能汚染《ほうしゃのうおせん》は少なくてすみました。わたしが住んでいるのは茨《いばら》城《き》県《けん》桜川市《さくらがわし》で、筑波山《つくばさん》の北側にあり、東京電力福島第一原子力発電所《とうきょうでんりょくふくしまだいいちげんしりょくはつでんしょ》からは直線距離《きょり》で１５０キロメートルほどのところです。さらに遠く離《はな》れた茨城県南部や千葉県《ちばけん》などにも、放射線量《ほうしゃせんりょう》の高いホットスポットがたくさんありますが、桜川市が低線量ですんだのは、原発が爆発《ばくはつ》して高濃度《こうのうど》の放射能を運んできた雲が上空を通過《つうか》したときに、雨が降《ふ》らなかったおかげなのです。そして２０１４年から毎年夏休み中に、おなじ町内に住んでいる鈴木眞美子《すずきまみこ》さんという方が中心になって福島の被災者《ひさいしゃ》を招き、放射能の心配をしないでのびのびと生活できる「保養《ほよう》」を実施しています。その鈴木さんが福島へ行って被災者に会い、話を聞いたところ、いちばんつらかったのが避難所《ひなんじょ》のトイレ問題で、そこで過《す》ごした1か月間は地獄《じごく》のようだった、とのことでした。

ウンコをきちんと出すことは、食べること以上に命にかかわる重大事なのです。

災害時《さいがいじ》のトイレ問題の重要性《じゅうようせい》がようやく理解《りかい》されるようになり、あたらしい防災対《ぼうさいたい》策《さく》では、携帯《けいたい》トイレとトイレットペーパーの備蓄《びちく》もいわれるようになりました。トイレに流せないなら、燃《も》やすゴミにして出せばいい、という考え方です。ところが熊本《くまもと》地震《じしん》ではゴミ焼却場《しょうきゃくじょう》が被災《ひさい》して燃やすことができず、回収《かいしゅう》できなくなった大量のゴミが町中にあふれてしまいました。燃やすゴミにするのは一時しのぎでしかなく、根本的な解決《かいけつ》にはなりません。

いまいちばん心配されているのが、静岡県《しずおかけん》から九州《きゅうしゅう》までの太平洋岸に沿《そ》って地震と津波《つなみ》におそわれる、南海《なんかい》トラフ巨大《きょだい》地震《じしん》です。駿河湾《するがわん》に面した静岡県富士《ふじ》市の海岸沿いには、全国の製紙《せいし》工場《こうじょう》の4割《わり》が集中しています。この地震が発生してそれらの工場がストップすれば、紙の供給《きょうきゅう》が大幅《おおはば》に減少《げんしょう》してしまいます。つまり、トイレで出せない、紙でふけない、燃やせない、という最悪の事態《じたい》になる可能性《かのうせい》が高いのです。しかし、トイレも紙も使わない葉っぱノグソなら、なんの問題もありません。

東日本《ひがしにほん》大震災《だいしんさい》ではわたしの住む町でも電気が5日間、水道は3週間も止まりました。周囲の人たちはトイレを流すために、側溝《そっこう》や沢《さわ》から水を汲《く》んで苦労していましたが、毎日葉っぱノグソのわたしは、普段《ふだん》どおりにすごすことができたのです。

都会でノグソはできるのか？

「災害時《さいがいじ》でもノグソができれば安心」とはいっても、町中に住んでいる多くの人からは、「だいたい、近くに人目を避《さ》けられるような林もないのに、どうしてノグソなんてできるんだ！」と反論《はんろん》されてしまいそうですね。たしかにその通りです。わたしは都会にいるときでもがんばってノグソをし続けていますが、ときには場所探《さが》しに1時間も2時間もかかったり、わざわざ電車に乗って郊外《こうがい》に行ったこともあります。そこまでしてノグソができるのは、わたしには自然と共生したいという強い信念と、長年の経験《けいけん》があるからです。では、ふつうの人にノグソは無理なのでしょうか？

わたしは、『葉っぱのぐそをはじめよう』（山と溪谷社《けいこくしゃ》）という本の中で、一般《いっぱん》の人向けに、たのしくて気持ちのいいノグソのしかたを紹介《しょうかい》しています。その本づくりのきっかけは、自然から一方的にいただくだけで、なにもお返しができていないことを悩《なや》んでいたひとりの若《わか》い女性《じょせい》が、わたしの講演《こうえん》を聴《き》いたことで始めた、あらたなノグソの実践《じっせん》です。

彼女《かのじょ》が住んでいたのは東京近郊《とうきょうきんこう》の、駅から歩いて10分という町中の住宅街《じゅうたくがい》でしたが、近所には、体を隠《かく》すにはちょっときびしい、ほんの小さな林が残っていました。そこで土と落ち葉をバケツに取ってきて、家でその中にウンコをして、林に持っていって埋《う》めるという「バケツノグソ」を始めたのです。ノグソの最大のポイントは、野外でおしりをまくってすることではなく、ウンコを土に埋めて自然に還《かえ》すことなのです。

ところで、会社勤《づと》めをしていた彼女は、朝の出勤前《しゅっきんまえ》や帰りが遅《おそ》い日などは余裕《よゆう》がなくて、バケツの中のウンコを林に埋めにいけません。3日間そのままにしていたこともあったのですが、ウンコに土をかけておけば家の中にウンコのにおいがこもることはありませんでした。土の中にいる菌類《きんるい》は、においに対しても強力な分解力《ぶんかいりょく》を持っていたのです。

その後、彼女は畑のわきや川のほとりなど、自然の中で本物のノグソを経験《けいけん》しているのですが、それはバケツノグソとは比《くら》べものにならないほどの圧倒的《あっとうてき》な気持ちよさだった、ということも告白しています。

このように、土さえあればノグソは可能《かのう》です。町中の公園や庭などの地面だけでなく、植木鉢《うえきばち》やプランターなども活用すれば、たとえマンションのベランダでも、ウンコを埋めるところはたくさんあるはずです。そして現在《げんざい》の町づくりは、土は汚《よご》れてきたないからと、必要もないのに地面をコンクリートで固めています。土の大切さ、すばらしさを見直して発想を転換《てんかん》し、不必要なコンクリートをはがして土を出したり、そこでさらに木を育てて林をつくれば、普段《ふだん》の生活環境《せいかつかんきょう》を改善《かいぜん》することにもつながります。むしろわたしはノグソを通して、災害時《さいがいじ》に備《そな》えるだけでなく、人と自然が共生する安心・安全な環境《かんきょう》づくりを提案《ていあん》したいのです。さらにいえば、ノグソ困難《こんなん》な人口《じんこう》密集地《みっしゅうち》を離《はな》れて、ゆったりノグソができる地方に移住《いじゅう》する人が大勢《おおぜい》出てくれば、現在《げんざい》大きな問題になっている大都市の過密《かみつ》と地方の過疎《かそ》も、解決《かいけつ》に向かうのではないでしょうか。

じつはこれが、わたしが最終的にめざしている、人と自然が共生する社会のすがたなのです。

米より多いウンコの量

ヒトが1日にするウンコの量は200~300g、というのをだいぶ前になにかで読みましたが、その後別の人は、100~2000gといっていました。だいぶ差があります。そこでわたしは、実際《じっさい》に自分のウンコで調べてみることにしました。ただしウンコは、その日によって多かったり少なかったりするので、ときどき調べても正確《せいかく》な量はわかりません。毎日連続して最低1か月はやってみようと、2010年12月25日から2011年1月29日まで、36日間のウンコを調べました。わたしは毎日ノグソですから、調査《ちょうさ》期間中はすべて、林の中のホオノキのあるところへ行き、長さ40センチメートル、幅《はば》20センチメートルほどになる大きな落ち葉にウンコをして、持っていったハカリに載《の》せて調べました。左ページのグラフは、そのときの日々のウンコの記録です。1月1日の棒《ぼう》グラフがふたつになっているのは、早朝と午後の2回したためです。

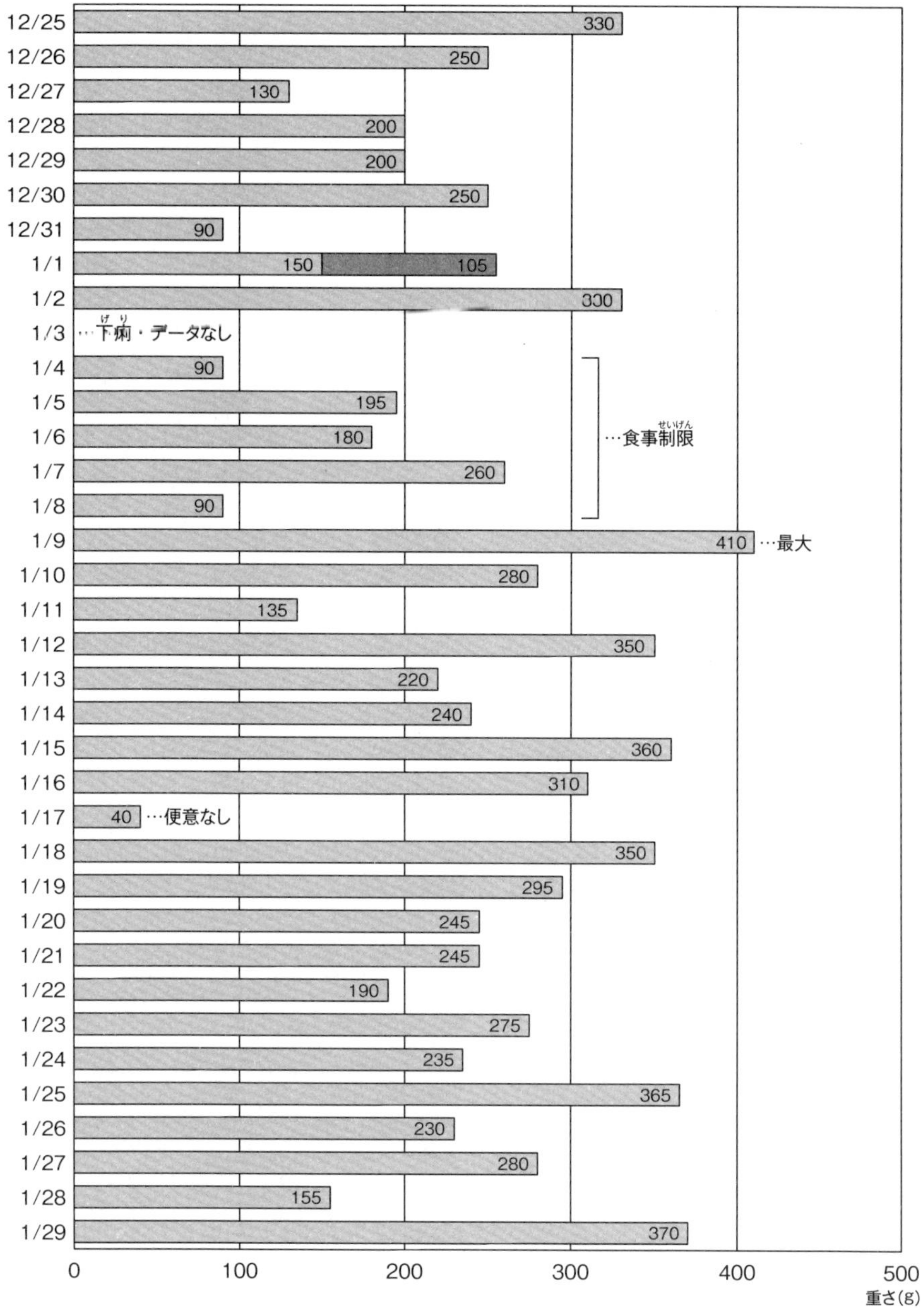
12/25 330
12/26 250
12/27 130
12/28 200
12/29 200
12/30 250
12/31 90
1/1 150 105
1/2 300
1/3 …下痢《げり》・データなし
1/4 90
1/5 195
1/6 180
1/7 260
1/8 90
…食事制限《せいげん》
1/9 410 …最大
1/10 280
1/11 135
1/12 350
1/13 220
1/14 240
1/15 360
1/16 310
1/17 40 …便意なし
1/18 350
1/19 295
1/20 245
1/21 245
1/22 190
1/23 275
1/24 235
1/25 365
1/26 230
1/27 280
1/28 155
1/29 370
0
100
200
300
400
500
重さ(g)

じつはこの調査中《ちょうさちゅう》にトラブルが二度ありました。ひとつめは1月3日。お正月の暴《ぼう》飲暴食《いんぼうしょく》がたたって胃が痛《いた》くなり、下痢便《げりべん》が葉っぱから流れ出てしまい、この日のデータはありません。しかもこの日から5日間は食べるものを制限《せいげん》したため、その翌日《よくじつ》のウンコの量は通常《つうじょう》より少なくなりました。つぎは1月17日。体調をくずした上にぜんぜん便意もなかったのですが、「今日のウンコを調べなくては」という一念で痛みをがまんして林へ行き、むりやりひり出したウンコは小さなソーセージ1本分。わずか40gしかありませんでした。

調査結果は、1月17日の40gを除《のぞ》けば、最小で90g、最大で410g、35日分のウンコの合計は8430gでした。平均《へいきん》すると、1日で241gになります。ただし、ある程度《ていど》食事をひかえた翌日の5日間の平均は163gで、これを除いた30日間の平均は253gです。

1日分のウンコが100〜200gというのは、肉食中心の食生活をしている人のデータではないかと思います。ヒトもふくめて動物はセルロース（食物繊維《しょくもつせんい》）を消化できないので、植物性《しょくぶつせい》の食品を多くとる人はウンコの量が多くなります。つまり、わたしもふくめて肉も野菜もまんべんなく食べる人のウンコは、1日平均200〜

３００ｇというデータのほうが正しいと思います。

１日あたりのウンコの量を２００〜３００ｇとすると、ひとりが１年間にするウンコの量は、２００〜３００ｇ×３６５日で、およそ70〜１００kg。日本全体では約１億２０００万人ですから、この日本で１年間に出てくるウンコの量は、およそ１０００万トンになります。これがどのくらいの量になるか、想像《そうぞう》できますか？

じつは、日本人の主食のお米の年間生産量が、およそ７５０万トンです。つまり、お米よりもウンコのほうが多いのです。その大量のウンコをトイレに流せば、膨大《ぼうだい》な資源《しげん》・エネルギーを使って、わざわざ燃《も》やして灰《はい》にして、コンクリートに固めてしまうのです。つまり、ウンコとその処理《しょり》にかかるものを資源として考えれば、少なく見てもマイナス１０００万トンをはるかに超《こ》える大変な損失《そんしつ》です。しかしこの１０００万トンのウンコを自然に還《かえ》せば、すべて生きものの命になって、自然はどんどん豊《ゆた》かになっていくはずです。つまり、プラス１０００万トンに変わります。ということは、差し引き２０００万トン以上の命の資源を生みだすことになるのです。

3章

ウンコで生まれたあたらしい命

ノグソ掘《ほ》り返《かえ》し調査《ちょうさ》の記録

これまで話してきたように、ノグソをすれば本当にウンコはあたらしい命に変わるのだろうか。それを確《たし》かめようと、2007年から2009年にかけて、わたしは土に埋《う》めたウンコを掘《ほ》り返《かえ》して調べたり、ノグソ跡《あと》のようすを長い期間にわたって観察しました。知りたいことはいろいろあったので、この調査《ちょうさ》は3回にわけて行ないました。

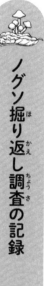

1回目は、2007年5月26日〜10月1日。夏場のウンコ分解《ぶんかい》を調べる。暖《あたた》かい時期のウンコの分解過程《かてい》を、101点のウンコで、すがた・かたちの変化、においの変化、どんな生きものがあらわれるか、を調べました。ノグソをしてから掘り上げて調べるまでの経過《けいか》日数は、最短で4日、最長で119日です。そしてここで得られた調査結果が、ウンコ分解を知るうえでの基準《きじゅん》になるとわたしは考えています。

2回目は、2007年12月2日〜2008年6月15日。冬場にしたノグソの分解と、

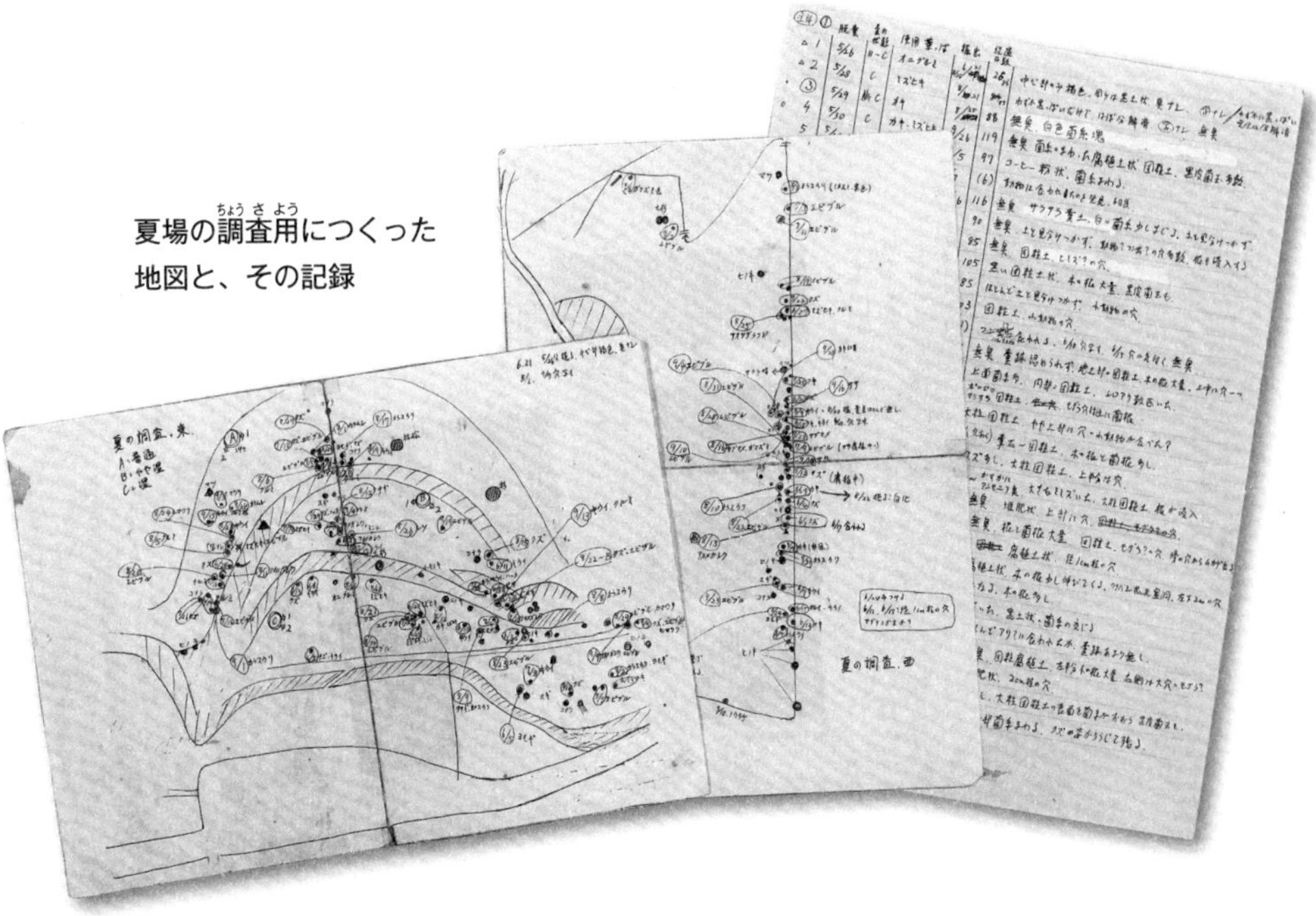

夏場の調査用《ちょうさよう》につくった
地図と、その記録

分解後のウンコの味、さらにキノコの発生も調べました。調査用《ちょうさよう》ノグソは全部で63点用意したのですが、冬場の分解《ぶんかい》速度は遅《おそ》く、おまけに単調だったため、まだ寒さが続く3月までの掘《ほ》り返《かえ》し調査は29点で終了。暖《あたた》かくなった初夏に4点を掘って調べ、その中の分解《ぶんかい》が完全に終わった1点で味を調べました。そして10月4日〜11月2日には、63点全部でキノコの発生を調べました。

3回目は、2009年4月20日〜12月4日。9月までほぼ10日ごとに用意した16点のノグソで、分解後のウンコの味と、キノコの発生を調べました。味の調査をしたのは8点で、最短で19日後、最長では194日後のノグソです。キノコは16点全部で調べました。

分解《ぶんかい》のようすは、ウンコの状態《じょうたい》や、温度、湿気《しっけ》、環境《かんきょう》のちがいなどで変わってくるかもしれません。そこでウンコの状態を、A~Eの5段階《だんかい》に分けて記録しました。これは、良いウンコ・悪いウンコという見方にも一致《いっち》していますが、それだけではなく、ウンコの水分量のちがいで分解にも差が出るのではないかと考えたからです。

A　バナナウンコ

棒状《ぼうじょう》の一本グソで、消化吸収《きゅうしゅう》がいいので水分少なめ。つるんと出る

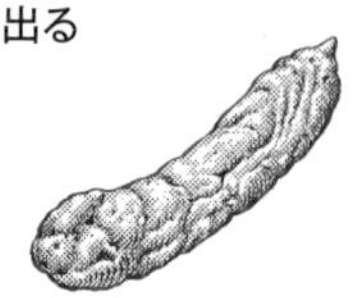

B　上《じょう》トグロ

するすると出てとぐろを巻《ま》き、表面につやがある。バナナウンコに近い

C　並《なみ》トグロ

やはりとぐろを巻《ま》くが、水分が多めで表面につやがない

D　泥状《どろじょう》

水分が多くてかたちがくずれる

E　スープ状《じょう》

ほとんど水のような下痢便《げりべん》

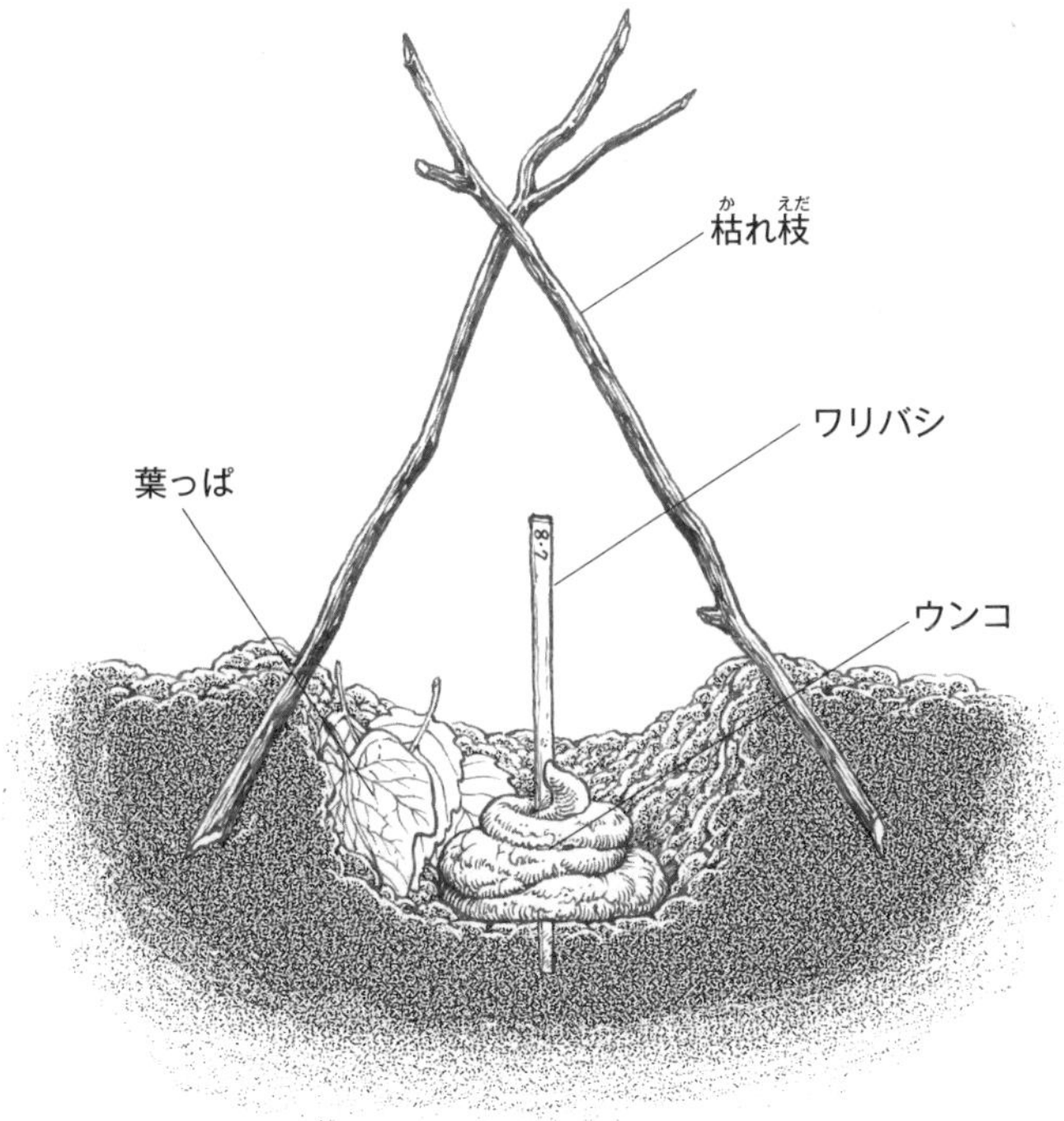

ノグソをする林は、①…すこし乾《かわ》きぎみの、日当たりのよい尾根《おね》すじのマツ林。②…湿気《しっけ》はふつうの雑木林《ぞうきばやし》。③…湿気の多い、ややくぼ地になったスギ・ヒノキの植林というように、三つの環境《かんきょう》を選びました。

調査用《ちょうさよう》ノグソは、地面に直径20センチくらい、深さ10センチくらいの穴《あな》を掘《ほ》ります。オシッコも一緒《いっしょ》にノグソ穴にしますが、まもなく土にしみこんでしまいます。ウンコをしたらその上に日付を書いたワリバシを立てて、後でウンコを正確《せいかく》に掘り上げられるように、日付を正面にして写真を撮《と》っておきます。ウンコをふいた葉っぱは、ウンコが隠《かく》れないように穴の端《はし》に置きます。ウ

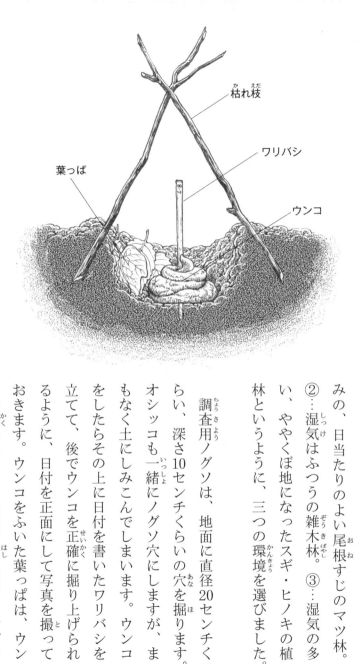

夏
18日後
ノグソ掘《ほ》り返《かえ》し調査《ちょうさ》の現場《げんば》。まず表面全体を調べ、つぎに断面《だんめん》を切って内部を調べる

ンコの形がつぶれないように、掘《ほ》った土でそっと埋《う》めたら、枯《か》れ枝《えだ》で目印を立てて準《じゅん》備完了《びかんりょう》です。

ウンコを掘って調べるときは、ワリバシの日付を正面にして、写真を見ながら手前から掘り進めます。最初はスコップでザクザク掘り、そろそろウンコに近づいたら小さなスプーンですこしずつ土を取ります。そしてウンコが出てきたら、表面のカビなどをいためないように、ピンセットや小筆を使っててていねいに土を取りのぞきます。

最初に表面のようすを調べ、つぎによく切れるナイフで断面《だんめん》を切り、内部のようすを調べます。

この調査《ちょうさ》をするまでわたしは、ウンコはバクテリアが分解《ぶんかい》し、そのすがた・かたちはだんだんくずれていって土のようになり、においはすこしずつ弱くなって消えていく、と考えていました。しかし、ノグソをして土に埋《う》めたウンコの変化を、以上のような方法で掘《ほ》り返《かえ》して調べたところ、まったく予想もしなかった場面がつぎつぎと目の前にあらわれました。菌類《きんるい》だけでなく、それ以上に多くの動物が食べることで分解にかかわり、においもさまざまに変化していきました。そして分解後の養分をもとめて、植物がものすごい勢《いきお》いで大量の根をのばしてくるようすまで、この目でじかに見ることができたのです。さらには、ノグソ跡《あと》にあらわれた生きものをねらって、直接《ちょくせつ》ウンコには関係のない動物までやってきました。たったひとつのウンコの上でも、目をみはるような壮大《そうだい》な生態系《せいたいけい》の循環《じゅんかん》が進行していたのです。

つぎのページからは、夏場のウンコ分解を中心に、動物、菌類、植物によるそれぞれの分解のようすや、分解後のすがたなどを見ていきましょう。

ウンコにあつまる生きものたち① 動物

野外でウンコをするとまっ先にやってくるのが、キンバエなどのハエの仲間です。ウンコが出るとたちまち何匹《なんびき》ものハエがたかり、とくにセンチニクバエはあっという間にウジを産みつけ、親子でせっせとウンコを食べはじめます。センチコガネなどのフン虫は、ウンコの中にもぐりこんで食べ進むために、断面《だんめん》を切るとウンコの内部に直径1センチほどのトンネル状《じょう》の穴《あな》がたくさんあいています。また、直径数ミリの小さな穴は、アリの食《た》べ跡《あと》です。さらにアリは、ウンコを食べてできた空洞《くうどう》を部屋にして、ウンコの内部全体をアリの巣にして卵《たまご》を産み、子育てまでしていました。この調《ちょう》査《さ》とはべつに、わずか21日後のノグソ跡でも、アリの卵がたくさん出てきました。

これらの虫たちの他にも、ごうかいにウンコを掘り返して食べるイノシシなどの大《おお》型獣《がたじゅう》や、地中にもぐりこんでこっそりウンコを食べるネズミなどの小型獣《こがたじゅう》もいます。

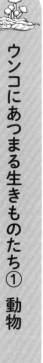

夏
6日後

フン虫のツヤエンマコガネ。
ウンコはヘドロ状《じょう》（78 ページ）

出るとすぐウンコにやってくるたくさんのハエ

小さな穴《あな》は、アリが食べたトンネル

夏
9日後

ウンコはチーズ状、香辛料臭《こうしんりょうしゅう》（80 ページ）。フン虫が食べてあけたたくさんのトンネル

中には地中のウンコをすっかり食べてできた空洞《くうどう》を住《す》み処《か》にして、クリの実を持ちこんで食べていたノグソ跡《あと》もありました。

ウンコの分解《ぶんかい》が終わるころになると、ウンコのすがたは土のようになるので、これを「糞土《ふんど》」とよぶことにします。そして糞土になると、それを食べるミミズがあらわれ、そのつぎにはミミズをねらってモグラの仲間がやってきます。

分解が終わるころ以降《いこう》のノグソ跡を掘《ほ》り返《かえ》すと、糞土になったウンコの多くはつぶつぶになっています。そのつぶの大きさは1ミリ足らずから数ミリまでいろいろですが、ウンコごとにつぶの大きさはだいたいそろっていて、大小さまざまのつぶがまじっていることはありませんでした。なぜそうなるかというと、それはミミズが糞土を食べて出した、ミミズのウンコだからです。

このつぶ状《じょう》の土は「団粒構造土《だんりゅうこうぞうど》」または「団粒土《だんりゅうど》」といわれ、植物の栄養になるチッソやリン、カリウムなどの無機養分《むきようぶん》がたっぷりふくまれているだけでなく、通気性《つうきせい》がよく保水力《ほすいりょく》もあるため、植物が育つには最高の土です。そしてこれが、土の中で分解したウンコの最後のすがたなのです。

夏
59日後

①ノグソ跡《あと》をすこし掘《ほ》ると、穴《あな》がふたつあらわれた

②左側の穴は、ウンコを食べようとしてネズミがもぐりこんだ穴だった

③土の中のウンコはすっかり食べられてしまい、大穴《おおあな》があいていた

大穴には、ネズミが持ちこんだクリの実と、食べかすのクリの皮があった

分解《ぶんかい》のすんだ糞土《ふんど》にミミズがあらわれて、団粒土《だんりゅうど》ができていた

大つぶの団粒土

小つぶの団粒土

夏
10日後
ウンコは分解途中《ぶんかいとちゅう》で、やわらか餅状《もちじょう》。フン虫の穴《あな》がいくつか見えるが、ミミズはまだあらわれていない。モグラのトンネルは、ウンコのわきを素通《すどお》りしている

夏
58日後
団粒土《だんりゅうど》ができている。ミミズをねらって、モグラの仲間がやってきた

じつはこの掘《ほ》り返《かえ》し調査《ちょうさ》では、モグラのすがたは確認《かくにん》していません。それなのになぜモグラの仲間がやってきたと判断《はんだん》したのか、その理由はこうです。

ノグソ跡《あと》を掘ると直径4～5センチ、またはもうすこし大きなトンネルがいくつも出てきました。分解途中《ぶんかいとちゅう》でミミズがまだあらわれないものでは、トンネルは近くを素通《すどお》りするだけで、ウンコのあるところは通っていません。しかし分解が終わって団粒土《だんりゅうど》になったところにはミミズがいるため、そこをトンネルが横切っていくのです。つまりモグラのトンネルの存在《そんざい》から、ミミズを食べるモグラの仲間がやってきたことがわかったのです。

ウンコにあつまる生きものたち② 菌類《きんるい》

菌類《きんるい》による分解《ぶんかい》は、前期と後期の2段階《だんかい》に分けられることがわかりました。

前期のウンコ分解は、元々ウンコの中にいる大腸菌《だいちょうきん》や乳酸菌《にゅうさんきん》などの腸内細菌《ちょうないさいきん》が行なう分解です。ウンコの中には空気が入っていないので、酸素《さんそ》がありません。ということは、どぶの底の水中でものが腐《くさ》るのとおなじようなもので、どんなウンコでも最初はすべて、ドロドロのヘドロ状《じょう》になり、ヘドロ臭《しゅう》がしてきます。つまり最初の分解では、ウンコ臭《しゅう》にヘドロ臭が加わった強い悪臭《あくしゅう》がします。この腸内細菌による酸素を使わない分解を、「嫌気性分解《けんきせいぶんかい》」といいます。

ウンコや土の中に水分が多ければ、空気にふれにくくなるので嫌気性分解になります。つまり、68ページのDやEのような水分の多いウンコや、湿気《しっけ》の多い地面でのノグソは、嫌気性分解の期間が長く続きます。

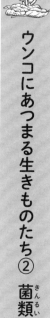

郵便はがき

料金受取人払郵便

牛込局承認

6519

差出有効期間
2020年12月31日
（期間後は切手をおはりください。）

162-8790

東京都新宿区市谷砂土原町 3-5

偕成社 愛読者係 行

ご住所	〒□□□-□□□□		都・道 府・県
	フリガナ		
お名前	フリガナ	お電話	
		★目録の送付を［希望する・希望しない］	

★新刊案内をご希望の方：メールマガジンでご対応しておりますので、メールアドレスをご記入ください。

@

書籍ご注文欄

ご注文の本は、宅急便により、代金引換にて１週間前後でお手元にお届けいたします。本の配達時に【合計定価（税込）＋ 送料手数料（合計定価 1500 円以上は 300 円、1500 円未満は 600 円）】を現金でお支払いください。

書名		本体価	円	冊数	冊
書名		本体価	円	冊数	冊
書名		本体価	円	冊数	冊

偕成社 TEL 03-3260-3221 ／ FAX 03-3260-3222 ／ E-mail sales@kaiseisha.co.jp

＊ご記入いただいた個人情報は、お問い合わせへのお返事、ご注文品の発送、目録の送付、新刊・企画などのご案内以外の目的には使用いたしません。

★ ご愛読ありがとうございます ★

今後の出版の参考のため、皆さまのご意見・ご感想をお聞かせください。

●この本の書名『　　　　　　　　　　　　　　　　　　　　　　　　　　』

●ご年齢（読者がお子さまの場合はお子さまの年齢）　　　　　歳（ 男 ・ 女 ）

●この本の読者との続柄（例：父、母など）

●この本のことは、何でお知りになりましたか？

1. 書店　2. 広告　3. 書評・記事　4. 人の紹介　5. 図書室・図書館　6. カタログ
7. ウェブサイト　8. SNS　9. その他（　　　　　　　　　　　　　　　　　　　）

ご感想・ご意見・作者へのメッセージなど。

ご記入のご感想を、匿名で書籍の PR やウェブサイトの感想欄などに使用させていただいてもよろしいですか？　〔はい ・ いいえ〕

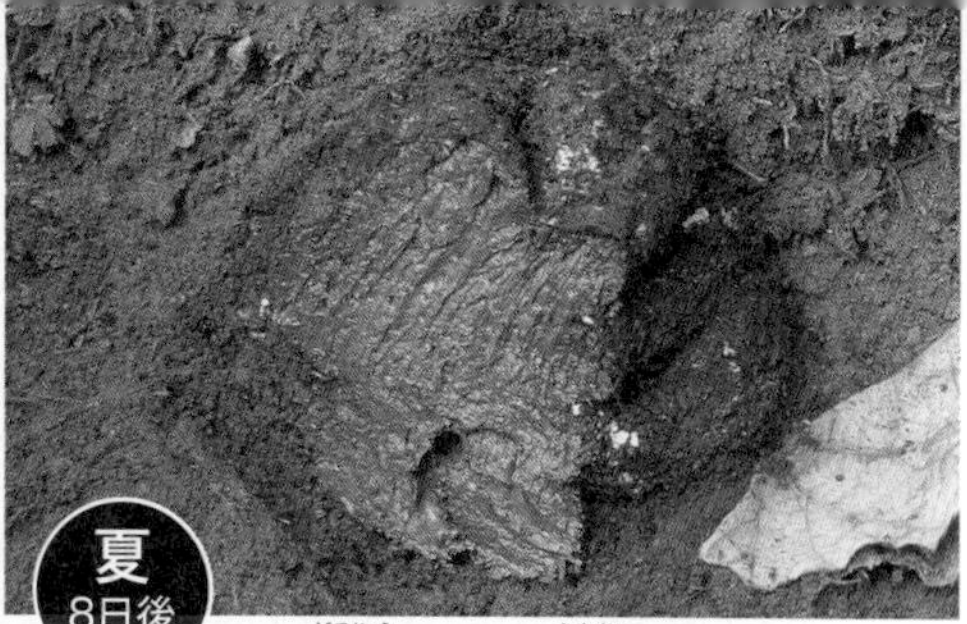

夏
8日後
中は泥状《どろじょう》。カビの分解《ぶんかい》が始まる

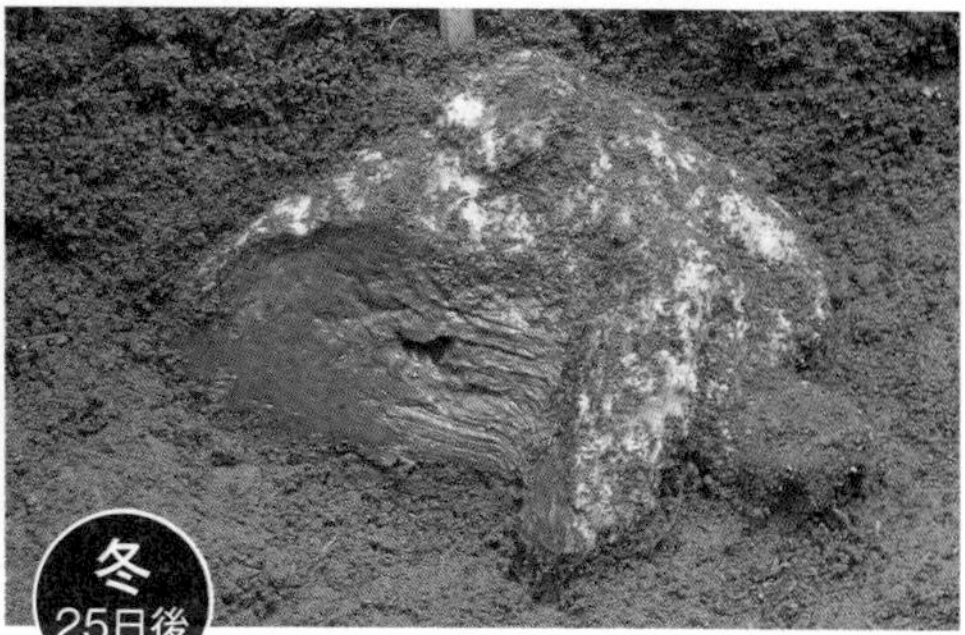

冬
25日後
泥状だが、表面にたくさんのカビ

冬
18日後
内部はヘドロ状。表面には糖分《とうぶん》を分解するケカビの太い菌糸《きんし》があらわれた

つぎの後期の分解《ぶんかい》は、地中にいるカビやキノコなどの菌類《きんるい》が行なう分解で、それはウンコの表面から始まり、内部に向かって分解が進んでいきます。分解が進むにつれて、ドロドロだったウンコはだんだん固まってきて、においもさまざまに変化しながら、徐々《じょじょ》にいいにおいに変わっていきます。土の中のすき間には空気があり、これらの菌は酸素《さんそ》を使って分解するので、これを「好気性分解《こうきせいぶんかい》」といいます。

好気性分解が始まるとまもなく、ウンコの表面がゴムのように固まってきます。内部はまだヘドロ状《じょう》なので、この段階《だんかい》のウンコを手にとってみると、まるで水風船（水を入れてふくらませた小さなゴム風船）の

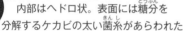

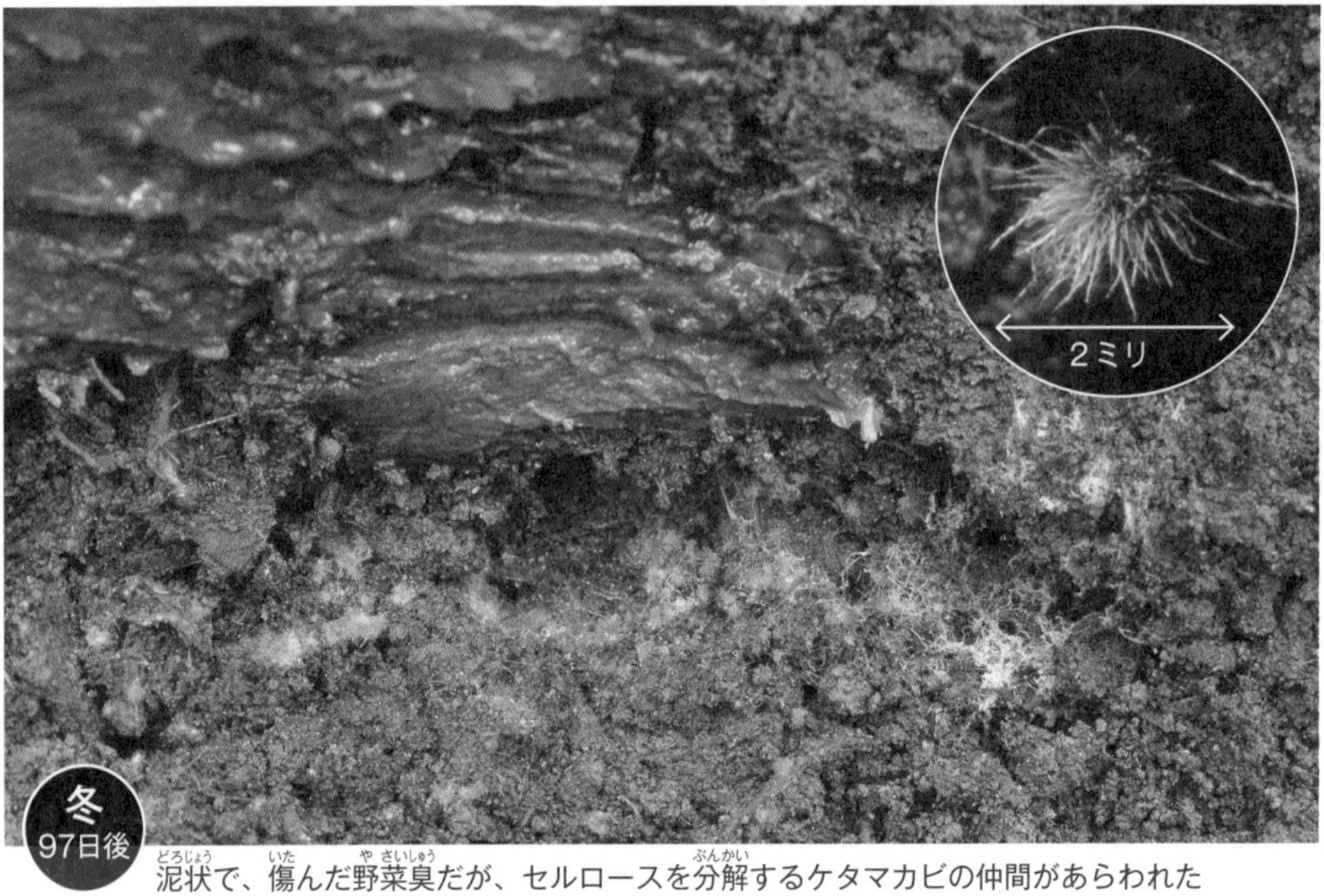

泥状《どろじょう》で、傷《いた》んだ野菜臭《やさいしゅう》だが、セルロースを分解《ぶんかい》するケタマカビの仲間があらわれた

ような感触《かんしょく》です。この分解《ぶんかい》が進むと、弾力《だんりょく》のあるやわらかい餅《もち》のような感触になり、中心までしっかり分解するとチーズ状《じょう》に固まります。そしてヘドロ臭《しゅう》だったにおいは、ちょっと生臭《なまぐさ》いエビやカニのようなにおいやカメムシ臭《しゅう》、傷《いた》んだ野菜のようなにおいなどに変わっていき、チーズ状になると香《こう》辛料《しんりょう》のクローブ（ちょうじ）のようなにおいがしてきます。ここまで分解が進むとナイフでうすく切れるし、おまけにクローブのような香《かお》りですから、このときの調査《ちょうさ》ではウンコではなく、まるでチーズを切って調べているようなたのしささえ感じました。

　この好気性分解《こうきせいぶんかい》も水分の多い少ないによって変化します。つまり、ウンコと土の

分解《ぶんかい》が進み、ウンコはチーズ状《じょう》

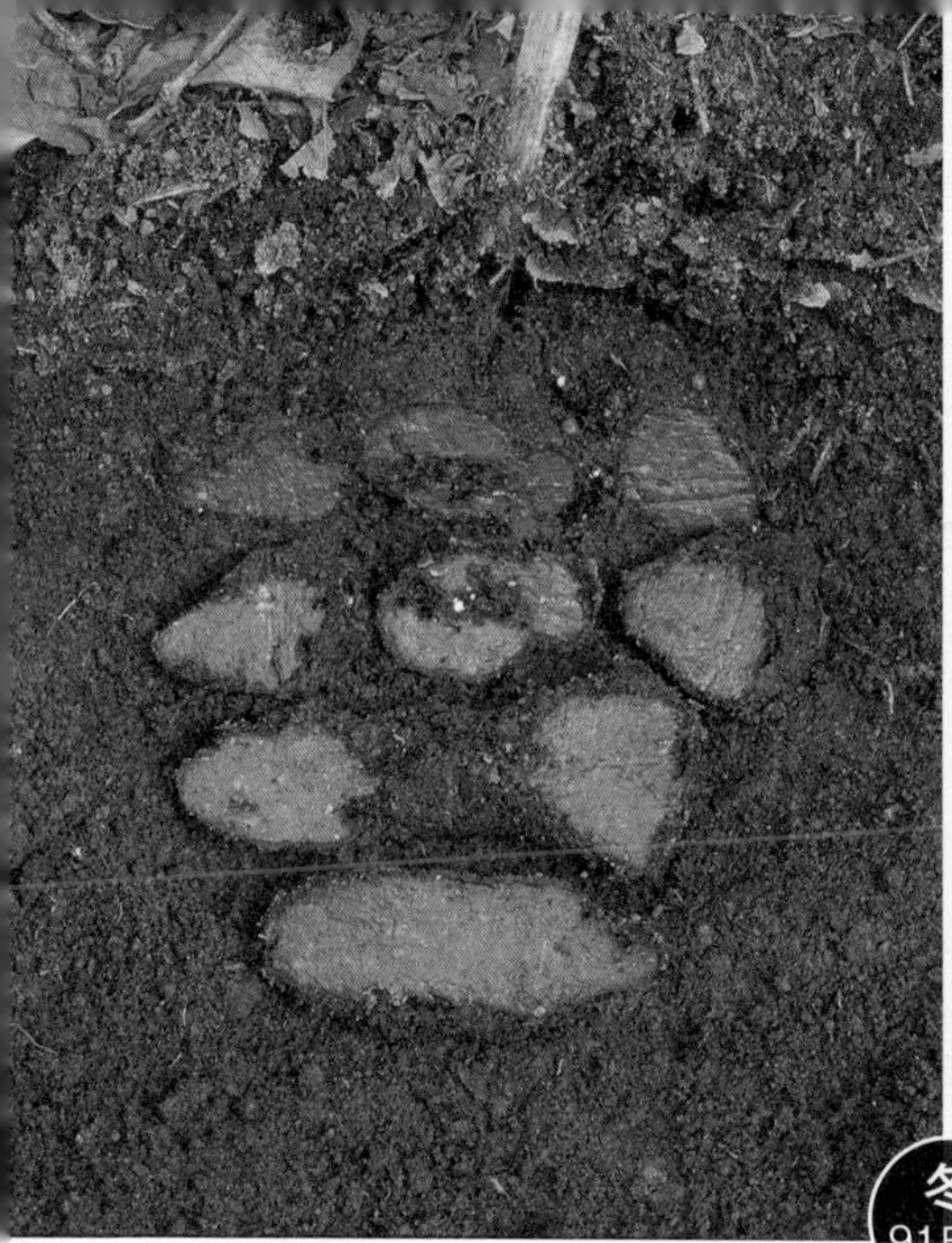

チーズ状に固まると、ナイフでうすく切れる

冬
91日後

水分量が少なければ分解《ぶんかい》は速くなり、多ければ遅《おそ》くなります。

好気性分解《こうきせいぶんかい》も終わりに近づくころにはにおいも弱くなり、おいしそうなシメジの香《かお》りや、針葉樹《しんようじゅ》のスギやヒノキのようなさわやかな樹脂臭《じゅししゅう》など、むしろいい香りに変化しました。そして分解が終了《しゅうりょう》すれば、においは消えてしまいます。

ところで、ウンコは分解が進むにつれてどんどんにおいが変わっていき、最後はいい香りになったのはどうしてでしょう。

ヒトのウンコのにおいの成分は、スカトールとインドールという化学物質《かがくぶっしつ》です。それに食べものなどのにおいが加わって、

夏
40日後
分解《ぶんかい》の最終段階《さいしゅうだんかい》。大量のカビにおおわれ、おいしそうなシメジの香《かお》り

ウンコのにおいになります。そこでスカトールを調べてみると、オレンジやジャスミンなどのような香《かお》りのする芳香物質《ほうこうぶっしつ》、と出てきました。インドールも、不快《ふかい》な臭気《しゅうき》をもつが、微量《びりょう》ではスミレのような芳香、と書いてあります。一般《いっぱん》ににおいは、濃《こ》ければ（強ければ）臭《くさ》く感じるものです。分解《ぶんかい》されて薄《うす》まることで、スカトールもインドールも、本来のいい香りになったのです。

じつはスカトールは代表的な香料《こうりょう》として、香水《こうすい》や化粧品《けしょうひん》など、多くのものの香りづけに使われています。ということは、ウンコも何百倍何千倍に薄めれば、いい香りになるかもしれませんね。

分解《ぶんかい》が終わり、無臭《むしゅう》。団粒土《だんりゅうど》の養分を求めて、木の根がたくさんのびてきた

ウンコにあつまる生きものたち③　植物

この調査《ちょうさ》でノグソ跡《あと》にあらわれた植物は、芽生えと木の根のふたつです。

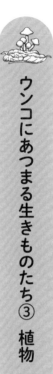

芽生えは、夏場の調査では46日後と67日後、79日後の三つのノグソ跡で見られました。地中のウンコがすっかり食べられてできた空洞《くうどう》の中に、白いモヤシ状《じょう》の芽生えがあったのです。この穴《あな》を住《す》み処《か》にしていたネズミかなにかの小動物が持ちこんだ種が芽生えたのでしょう。また２００９年の調査では、50日後のノグソ跡の地上に双葉《ふたば》の芽生えがのびだし、それを６日後に掘《ほ》ると、地中にもモヤシ状の芽生えがありました。

木の根のほうは、早いものでは夏場の調査の42日後のノグソ跡にあらわれました。冬場の調査では12月31日のノグソ跡で、１５４日後の６月２日に、いままさに根の先《せん》端《たん》がウンコにふれようとするところまでのびてきていました。分解後の無機養分《むきようぶん》たっぷりの糞土《ふんど》をめざしてのびてくる根っこには、我先《われさき》にごちそうにありつこうとする意《い》

夏
50日後
地上にあらわれた芽生え

夏
46日後
穴《あな》の中で、ネズミの体にくっついて持ちこまれた種が芽生えた

夏
56日後
左上のノグソ跡《あと》を掘《ほ》ってみると、地中にもモヤシ状《じょう》の芽生えがあった

冬
154日後
初夏、ウンコをめざして木の根がのびてきた

欲《よく》さえ見てとれて、植物もやっぱり生きものなんだなぁ、と強く感じました。

日を追うごとに根があらわれる割合《わりあい》は多くなり、夏場の調査《ちょうさ》では、31〜60日後（2か月目）のノグソ跡《あと》では25％に、61〜90日後（3か月目）では63％に、そして91〜120日後（4か月目）になると80％にまで達しました。

そしてもうひとつ、64日後以降《いこう》のノグソ跡では、その根に「菌根《きんこん》」があらわれたものがいくつかありました。菌根というのは、植物の根の先にキノコの菌糸《きんし》がからまりついたもので、ここで植物とキノコが栄養をやりとりして助けあって生きています。キノコは地中いっぱいにのばした菌糸で吸《きゅう》収《しゅう》した無機養分《むきようぶん》と水分を、菌根を通して植物のほうに送りこみ、かわりに植物が光合成でつくりだした糖類《とうるい》をもらいます。だから菌根があらわれると、ウンコが分解して富栄養化《ふえいようか》した土は急速に元の状態《じょうたい》にもどり、植物の生育も速くなります。

断面《だんめん》を切ると、丸い団粒《だんりゅう》土《ど》があった

ノグソ跡《あと》をおおいつくす大量の木の根

ノグソ跡にのびてきた根に菌根《きんこん》があらわれた

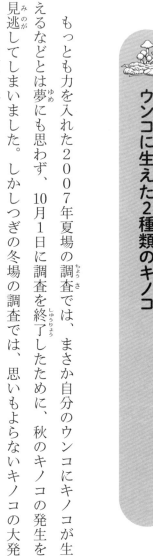

ウンコに生えた2種類のキノコ

もっとも力を入れた2007年夏場の調査《ちょうさ》では、まさか自分のウンコにキノコが生えるなどとは夢《ゆめ》にも思わず、10月1日に調査を終了《しゅうりょう》したために、秋のキノコの発生を見逃《みのが》してしまいました。しかしつぎの冬場の調査では、思いもよらないキノコの大発生に、度肝《どぎも》を抜《ぬ》かれるほどのショックを受けたのです。

ウンコに生えるキノコには2通りあり、ひとつは草食動物のウンコに生えるキノコで、これはおもにセルロース（植物繊維《しょくぶつせんい》）を分解《ぶんかい》します。もうひとつはアンモニア菌《きん》といわれるキノコで、肉食動物のウンコに生えます。つまり、肉の成分であるたんぱく質《しつ》が分解してできたアンモニアが、キノコの発生に必要なのです。草食動物のウンコに生えるキノコは種類も量もたくさんあるのですが、一方のアンモニア菌は少なくて、わたしが写真家として30年以上キノコを追いかけてきた中でも数えるくらいしか

ウンコはやわらか餅状《もちじょう》、エビ・カニ臭《しゅう》。白くて未熟《みじゅく》な菌核《きんかく》がたくさんあらわれた

出会えなかった、めずらしいキノコです。

わたしは肉も魚も野菜も食べるので両方のキノコが生えたのですが、今回の掘《ほ》り返《かえ》し調査《ちょうさ》で発生を確認《かくにん》したキノコは、草食系《けい》のほうはバフンヒトヨタケ、肉食系のほうはアシナガヌメリという2種類のキノコだけでした。

菌類《きんるい》による分解《ぶんかい》の後期に入ると、白色や青緑色などのカビや菌糸《きんし》だけではなく、数ミリから1センチ弱の球形の菌があらわれました。若《わか》いうちは白いのですが、成熟《せいじゅく》すると内部は白くて表面が黒い、固い玉になります。これは栄養をためこんだ菌糸が丸く固まったもので、「菌核《きんかく》」といい、野菜

秋になると菌核からバフンヒトヨタケが生えてくる

成熟《せいじゅく》して表面が黒くなった菌核《きんかく》

でいえばイモのようなものです。そして秋になると、この菌核《きんかく》からバフンヒトヨタケが生えてきました。

　バフンヒトヨタケが生えたのは、冬場の調査《ちょうさ》では、調査ノグソ63点のうちの35点、56％の発生率《りつ》でした。ただし、掘《ほ》り返《かえ》し調査のときに菌核を見ていたのに、キノコが確認できなかったものが3点ありました。じつはバフンヒトヨタケは傘《かさ》の直径が2センチほどの小さなキノコで、おまけに成長が速く、傘はひらくとまもなくとけて、消えてしまいます。キノコの発生調査をした日は、10月4、5、7、8、14、17、25、27日と、11月2日の9回だけです。この間に生えてとけて消えてしまい、発生を見逃《みのが》し

傘はひらくとまもなくとけて、消えてしまう

傘《かさ》がひらいたバフンヒトヨタケ

た可能性《かのうせい》が高いのです。ですから、この3点を加えれば全部で38点、60%のノグソ跡《あと》にバフンヒトヨタケが生えたことになります。

２００９年の調査《ちょうさ》では、４月20日からほぼ10日ごとに9月28日まで、調査用ノグソを16点用意しました。そのうち、バフンヒトヨタケが生えたのは10点、63%と、冬場の調査とだいたいおなじでした。ただし、9月にした三つのウンコには、キノコがまったく生えませんでした。それは、キノコの発生を調べたのは10月11日から12月4日までで、ウンコをしてから調査するまでの期間が2~3か月と短すぎて、キノコが生えられなかったのかもしれません。そのぶんをのぞいて考えると、13点のウンコに

10点キノコが生えたことになり、なんと77％という高率《こうりつ》になります。

一方のアシナガヌメリは、なかなか出会えないめずらしいキノコなのですが、冬場の掘《ほ》り返《かえ》し調査《ちょうさ》では63点のノグソ跡《あと》のなんと37点に発生したのです。59％という驚《おどろ》きの高率です。また、２００９年の調査では、４月20日のノグソ跡にはそこそこのキノコが３本生え、つぎの４月30日のノグソ跡では小さな貧弱《ひんじゃく》なのが１本だけ、そして５月以降《いこう》の暖《あたた》かい季節になると、アシナガヌメリの発生はぜんぜん見られませんでした。

このキノコの発生には、アンモニアを得てから半年から1年かかるといわれるので、ノグソをしてから調査するまでの期間が短かったということも考えられます。しかし、２００７年の夏場に調査したノグソ跡を、１年後の２００８年秋に調べたときにも、アシナガヌメリは１本も生えていなかったのです。このキノコは、寒い冬場のウンコでないと生えることができないのかもしれません。その理由としてひとつ考えられるのは、このキノコが生えるためには、ウンコにふくまれた肉の成分（たんぱく質《しつ》）が腐《くさ》ってできるアンモニアが必要です。しかし夏場は、ハエやフン虫など多くの動物に、アンモニアが発生する前にウンコが食べられてしまうからではないでしょうか。

前年 12 月３日のノグソ跡《あと》に、10 月になるとアシナガヌメリとバフンヒトヨタケが生えた

ウンコに生える
キノコ・カビ図《ず》鑑《かん》

モグラの便所から生えるナガエノスギタケ

イヌのフンに生えたヒゲカビ。
30センチ以上になることがあるカビの王様

カモシカのフンに生えたヒメクズヒトヨタケ

ウサギのフンに生えたマキバノチャワンタケ。
数ミリの小さなキノコ

ウマのフンに生えたツヤマグソタケ

ヒグマのフンに生えた
ワライタケ

ウサギのフンに生えたフンタマカビの仲間

シカのフンに生えたミズタマカビ

夏と冬でちがう、ウンコの分解《ぶんかい》

夏場と冬場の調査《ちょうさ》でウンコ分解《ぶんかい》の速さを比《くら》べると、冬は夏の5倍くらい日数が多くかかっていました。そのことを知った２００８年３月には、分解の遅《おそ》い冬場のノグソはあまり好ましくないのではないかと、ちょっと心配になってきました。また、冬場の調査の掘《ほ》り返《かえ》し時期がふたつに分かれているのは、4月に入って暖《あたた》かくなると、冬場の低温での分解とはちがったものになってしまうのではないか、という思いと、寒い冬場は分解が滞《とどこお》っても、暖かい季節になれば順調に分解が進むのではないかと考えたからです。そして5月下旬《げじゅん》から6月半《なか》ばの掘り返し調査では、冬場のノグソもきちんと分解されていることを確認《かくにん》できたのです。ホッと一安心するとともに、もうひとつ、アシナガヌメリの一件《いっけん》でうれしい発見がありました。

最近「生物多様性《せいぶつたようせい》」という言葉をよく聞くようになりました。単一ではなく、さまざまにちがった生きものがたくさんいたほうが、豊《ゆた》かさや安心・安全などが高まります。たとえば、野菜をつくるときに、畑全部に1種類の作物を栽培《さいばい》すれば、手間や収穫《しゅうかく》は効率《こうりつ》よく行なえます。でも、作物に病気が発生したら、たちまち畑全体に病気が広がって全滅《ぜんめつ》してしまいます。しかし、何種類もの作物をつくっていれば、1種類が病気でダメになってもほかは助かり、被害《ひがい》は少なくてすむのです。

バフンヒトヨタケはどの季節にしたノグソでもよく発生しますが、アシナガヌメリは冬場のノグソにしか生えません。ということは、冬場のノグソは分解《ぶんかい》の効率から見れば悪くても、アシナガヌメリが生きていくためには欠かせない大切なものだったのです。また冬場のノグソでは、夏場のノグソでは見られなかったヤスデや、白くて細長いウジのような幼虫《ようちゅう》がたくさんあらわれるなど、さまざまな虫のすがたがありました。そして獣《けもの》に食べられたノグソの数も夏場より何倍も多く、獣たちの冬場の貴重《きちょう》な食糧《しょくりょう》にもなっていました。

アシナガヌメリをきっかけに、分解のスピードという効率だけではない、もっとべつの大切な要素《ようそ》がたくさんあることに気づかされたのです。

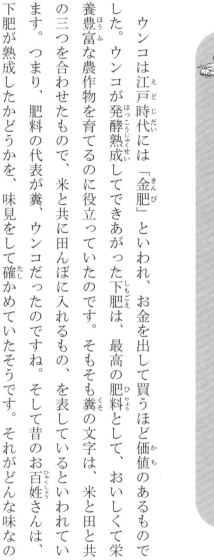

糞土《ふんど》の味見

ウンコは江戸時代《えどじだい》には「金肥《きんぴ》」といわれ、お金を出して買うほど価値《かち》のあるものでした。ウンコが発酵熟成《はっこうじゅくせい》してできあがった下肥《しもごえ》は、最高の肥料《ひりょう》として、おいしくて栄養豊富《ほうふ》な農作物を育てるのに役立っていたのです。そもそも糞《くそ》の文字は、米と田と共の三つを合わせたもので、米と共に田んぼに入れるもの、を表しているといわれています。つまり、肥料の代表が糞、ウンコだったのですね。そして昔のお百姓《ひゃくしょう》さんは、下肥が熟成したかどうかを、味見をして確《たし》かめていたそうです。それがどんな味なのかは知りませんが……。

掘《ほ》り返《かえ》し調査《ちょうさ》の中で、分解《ぶんかい》のすんだ糞土《ふんど》に大量の木の根がのびてくるのを見て、それが植物にとって最高のごちそうになっている、つまり熟成した下肥にきわめて近いものではないかと確信《かくしん》しました。それならわたしも分解がすんだ糞土の味見をせずに、この調査《ちょうさ》を終わらせるわけにはいかない、と覚悟《かくご》を決めたのです。

２００8年6月15日、冬場の掘《ほ》り返《かえ》し調査の最終日に、ついに糞土《ふんど》の味見を決行しました。そのウンコは12月28日にしたもので、ほぼ半年後のノグソ跡《あと》です。掘《ほ》り始《はじ》めるとまもなく、大きなミミズが2匹あらわれました。ウンコはすっかり団粒土《だんりゅうど》になり、木の根もたくさんのびてきています。もちろんにおいはありません。しかし、ノグソをしたときの生ウンコ写真を見ながら掘り進めているのですから、おだやかな気持ちではいられません。しばらくためらったものの、意を決して口に放りこむと……？？？　あっけないほど無味無臭《むみむしゅう》でした。そしてつぎの瞬間《しゅんかん》、だ液《えき》にとろけてねっとりまろやかになったのです。元々おいしいごちそうを、わたしのおなかの中で消化し、それをまた菌類《きんるい》が消化して、さらにミミズが食べてとことん消化しつくしたのですから、極上のまろやかさです。たちまち屁《へ》っぴり腰《ごし》はふきとび、なんとしてでも味を確《たし》かめてやろうと口の中を転がしているうちに、だんだんコクが出てきました。おいしい！　はきだすのがもったいなくなってきました。そのときわかったのです。ノグソ跡に群がる木の根っこの気持ちが。栄養たっぷりでこんなにおいしいごちそうを、放っておくわけがありません。

2009年の調査《ちょうさ》では、キノコの発生とともに、すこし本格的《ほんかくてき》に味の調査を行ないました。16点中8点の糞土《ふんど》しか味見しなかったのは、大量のダニがたかったセンチコガネの死がいが出てきたりして、それを口に入れるのはあぶないと思ったからです。

最短の19日後の糞土は白いカビがすこし交じった湿《しめ》っぽい状態《じょうたい》で、ちょっと不安だったのですが、においは消えていたので一応分解《いちおうぶんかい》は終わっていると判断《はんだん》しました。しかし、口にふくむとすこしカビ臭《くさ》い風味があり、けっしてうまくはありませんでした。

この8点の中で、コクがあっておいしかったのは、56日後、91日後、162日後の3点で、とくに91日後の糞土はほんのり甘味《あまみ》さえ感じました。そしてこの3点に共通しているのは、しっかり団粒土《だんりゅうど》になっていたことです。120日後や194日後と経《けい》過《か》日数は長くても、団粒土になっていなかった糞土は、うま味もありません。ミミズの関与《かんよ》が糞土の味に大きく影響《えいきょう》しているとは驚《おどろ》きでした。

なぜミミズが食べると糞土の味がよくなるのか、その理由はわたしにはわかりませんが、昔からよく「ミミズがいい土をつくる」といわれています。もしかすると、ミミズの腸から、おいしくて栄養のあるなにかが分泌《ぶんぴつ》されているのかもしれませんね。

調査《ちょうさ》のまとめ

この調査《ちょうさ》結果を整理してみると、ウンコが分解《ぶんかい》されていく過程《かてい》で、動物と菌類《きんるい》と植物ではそれぞれちがったかたちで関わっていることがわかってきました。それを簡潔《かんけつ》にまとめると、こうなります。

まず最初は、獣《けもの》や昆虫《こんちゅう》などの動物に食べられることで分解が進む「食分解《しょくぶんかい》」。これは動物にとってのごちそう、つまり命のもとになります。

つぎに、ウンコの中にいる大腸菌《だいちょうきん》や乳酸菌《にゅうさんきん》などの腸内細菌《ちょうないさいきん》と、土の中にいるカビやキノコに食べられることで、これは菌類の命のもとになります。そして菌類は、空気中に二酸化炭素《にさんかたんそ》を、土の中に無機養分《むきようぶん》を、ウンコとして排泄《はいせつ》します。

最後に、菌類のウンコになった二酸化炭素と無機養分は、植物に食べられて、これは植物の命のもとになります。また、これにより土はもとの状態《じょうたい》にもどります。

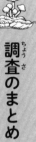

2007年夏の調査《ちょうさ》記録から、三つのデータをそれぞれグラフにまとめました。

I においの変化は、ウンコを掘《ほ》り返《かえ》したときのにおいの強さと種類をまとめたものです。「糞臭《ふんしゅう》＋ヘドロ臭《しゅう》」などと、ひとつの資料《しりょう》で複数《ふくすう》のにおいがした場合は複数の表示《ひょうじ》になっています。ただしこの調査は自分の嗅覚《きゅうかく》だけが頼《たよ》りなので、においの強さや種類など、そのときの体調で記録が変化する可能性《かのうせい》があります。

II すがた・かたちの変化では、どんなウンコでも最初はヘドロ状《じょう》になり、その後だんだん固まっていきます。埋《う》めてから4日後のウンコは、まだヘドロ状まで分解《ぶんかい》が進んでいない、半ウンコ状態です。

完全に分解《ぶんかい》がすんでいるのに、香辛料臭《こうしんりょうしゅう》がした。この資料《しりょう》には大穴《おおあな》があったので、そこにいた小動物の排泄物《はいせつぶつ》のにおいだったのかもしれない

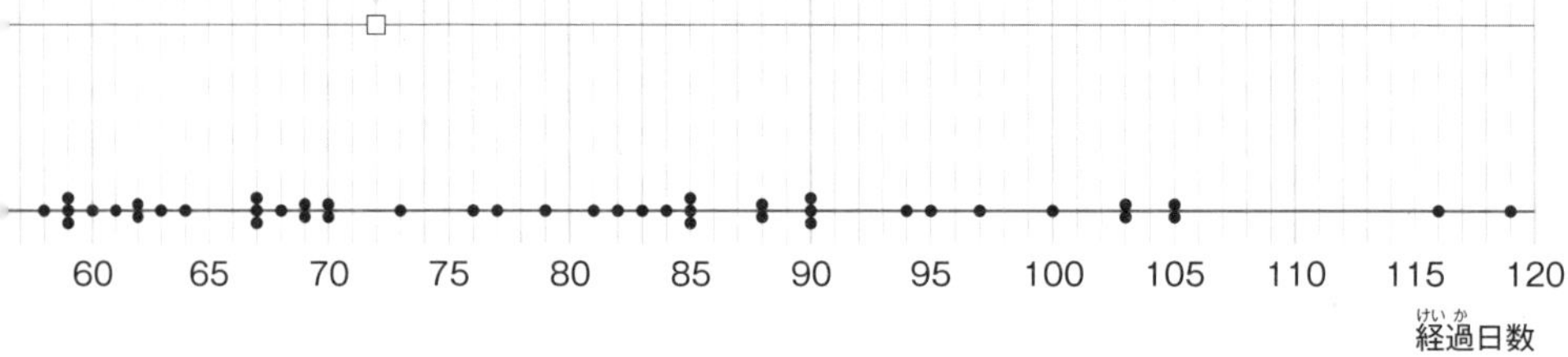

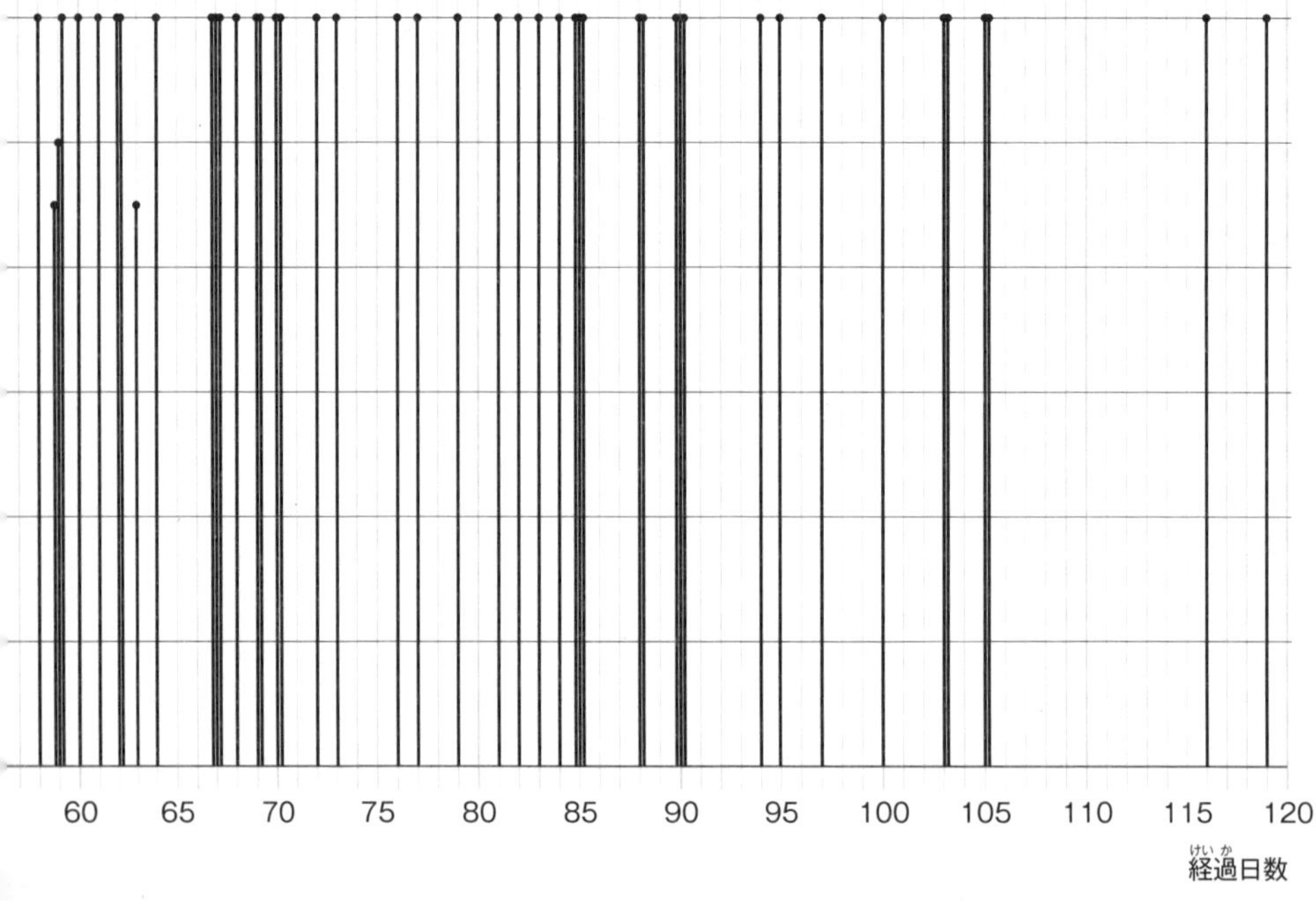

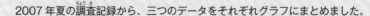

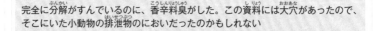

Ⅰ においの変化

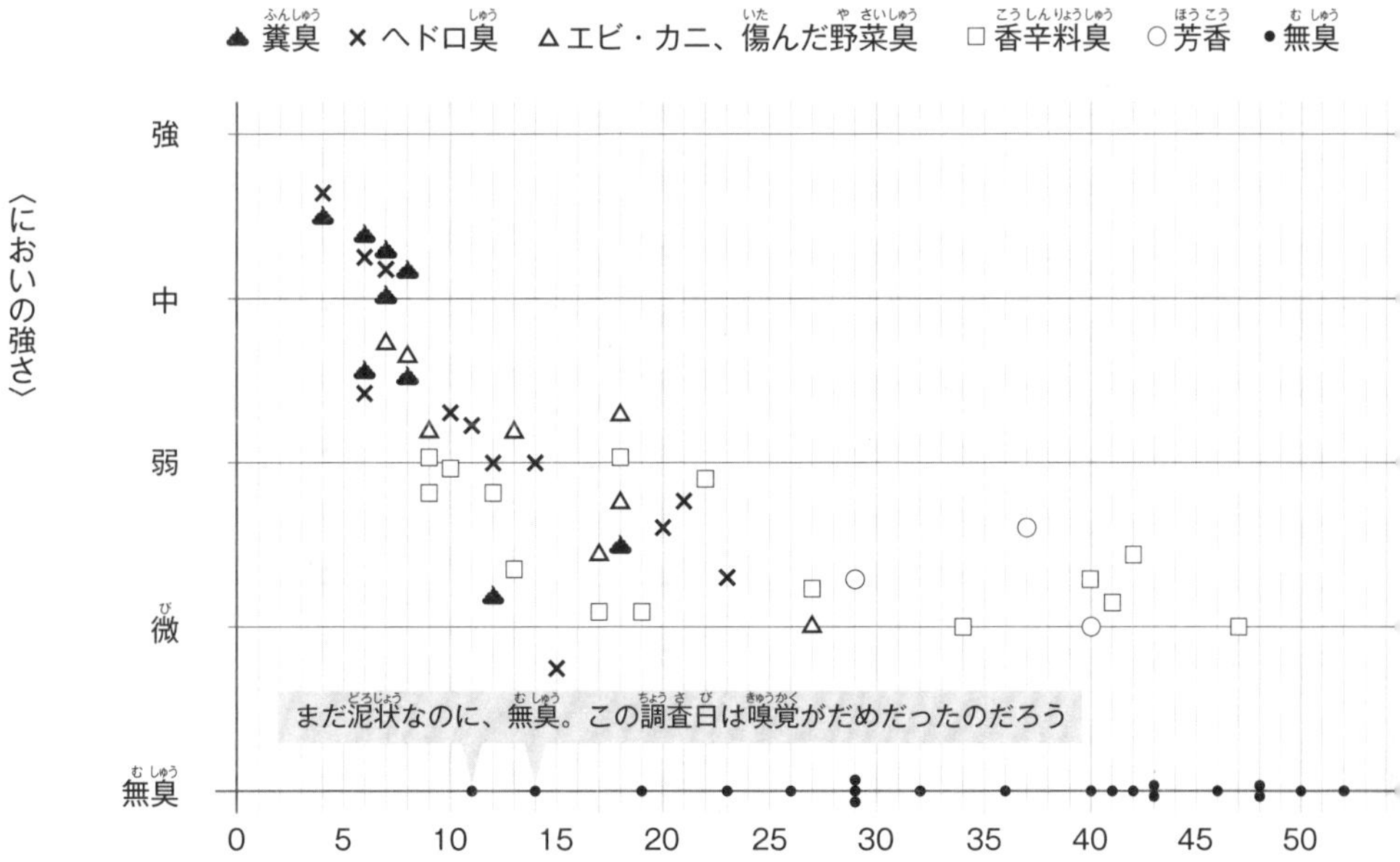

Ⅱ すがた・かたちの変化

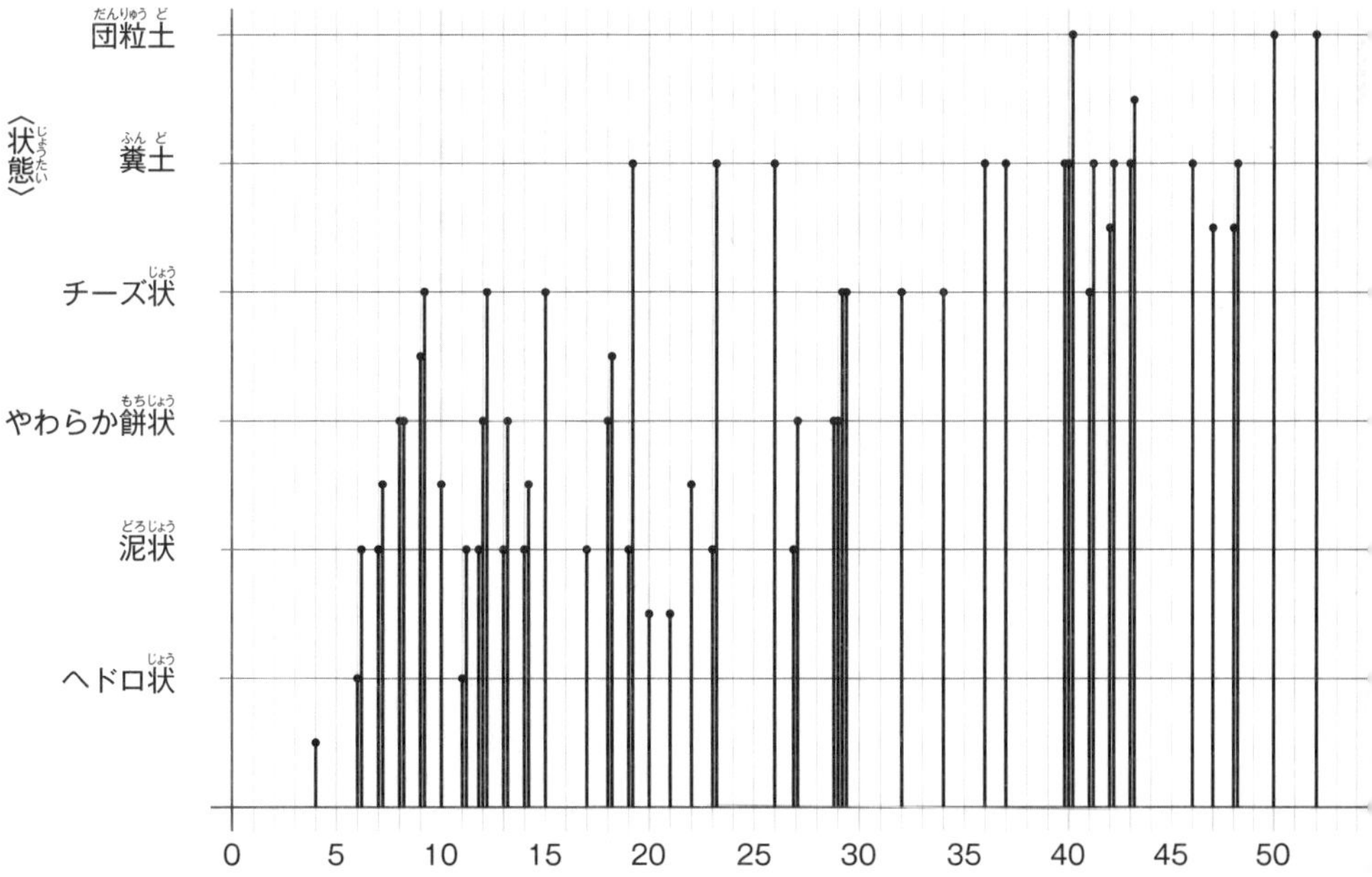

掘《ほ》り返《かえ》したノグソ跡《あと》にみられた、生きものやその痕跡《こんせき》の数を●であらわしています。

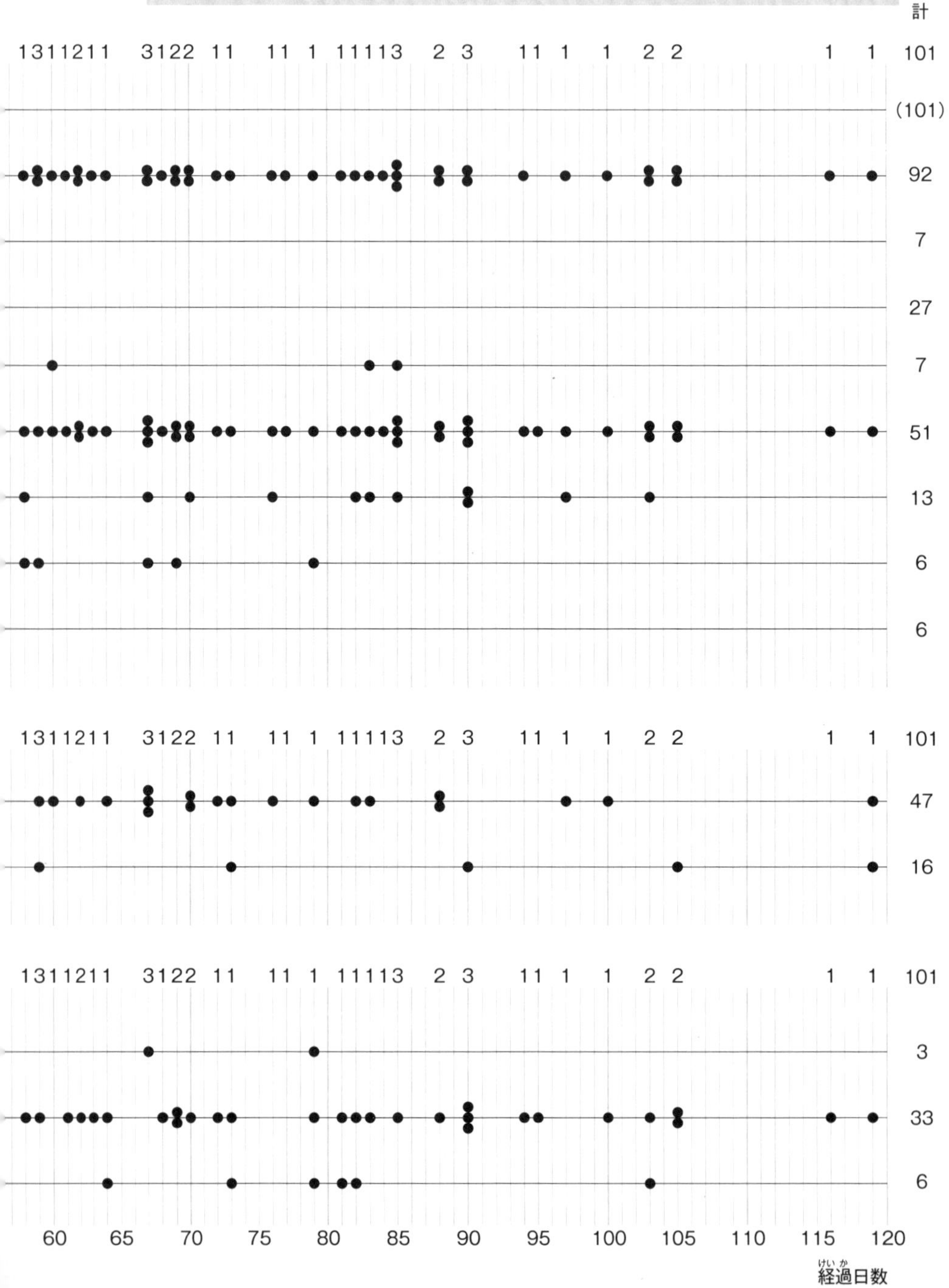

Ⅲ ノグソ跡《あと》にあらわれた生きもの

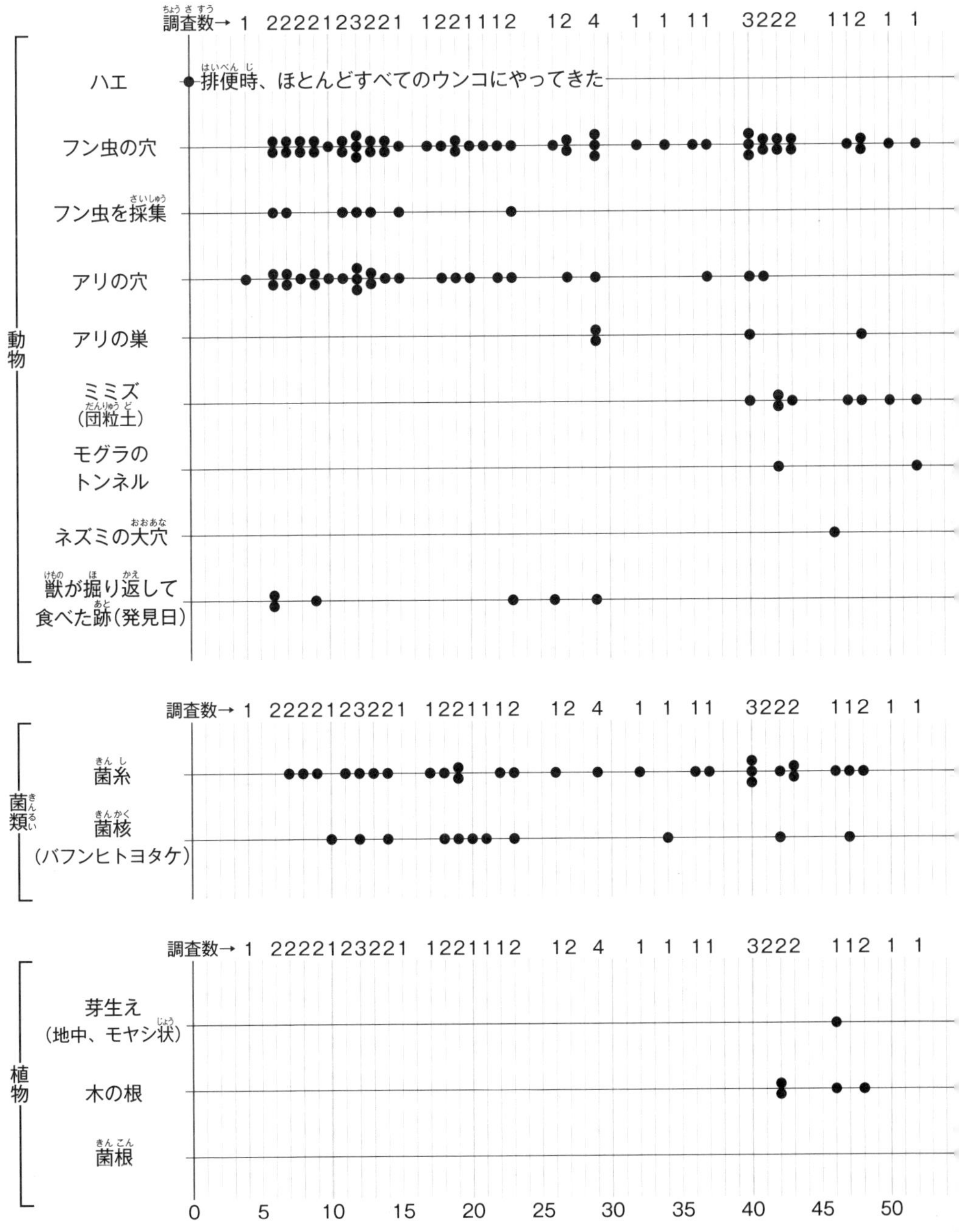

ウン校長のウン香水《こうすい》

毎年夏休み中の8月に、「カマクラ図工室」が小学5年～中学2年生を対象に新潟《にいがた》県《けん》や長野《ながの》県《けん》で行なっている、4泊《はく》5日の「山の学校」という行事があります。カマクラ図工室とは、社会全体を図工室と見立て、子どもたちが自ら多様な個性《こせい》と関わりながら、モノやコトをつくりだす場です。そこでは校長の暴走《ぼうそう》を教員が止め、教員の脱《だっ》線《せん》を子どもが正すという、子どもたちが自分自身で自主性《じしゅせい》を引き出し、のばすための教育が実践《じっせん》されています。

わたしは山の学校の「ウン校長」として参加しているのですが、プログラムの中に2時間ほどの校長訓話があり、わたしはそこで毎回、ひたすらウンコとノグソの話をしています。そして訓話を聴《き》いたあとで、子どもたち自身で翌日《よくじつ》の活動計画を立てるのです。その中で5年生のある女子が、「まじめにノグソをする」と宣言《せんげん》すると、おなじ5年生のカイトくんとコンノくんもその提案《ていあん》に乗ってきました。翌日《よくじつ》はまず道ばたでふき心地のいい葉っぱを探《さが》し、電車で山手の終着駅へ移動《いどう》。道々《みちみち》ノグソのしかたの講習《こうしゅう》をしながら、山の中の神社まで登りました。手作りのおいしいお弁当《べんとう》をしっかり食べておなかがふくれれば、準備《じゅんび》OK！　さらに奥《おく》の林へ教員とウン校長もいっしょに登り、5人全員でみごとに葉っぱノグソをやり遂《と》げたのです。

そして翌年《よくねん》の春休み、鎌倉《かまくら》市郊外《しこうがい》のすこし畑もある住宅地《じゅうたくち》で、1泊《ぱく》2日の「鎌倉0円生活」がありました。子どもたちは手分けしてあちこちの店を回り、いらない食材をもらってきたり、ダンボールなどで野外に寝場所《ねばしょ》をつくったりと、お金を使わずに生《い》き抜《ぬ》くサバイバル体験会です。そこでコンノくんたちは、竹や葉っぱを使って人目を避《さ》ける、移動式《いどうしき》の「どこでもノグソトイレ」をつくってくれました。それは腰《こし》までの高さしかないかんたんな囲いなのですが、しゃがんでウンコ座《ずわ》りになれば首から下はすっかり隠《かく》れてしまいます。周囲のようすを見ながら、安心してウンコができるスグレモノでした。そしてカイトくんは、ウン校長の訓話で聴《き》いたスカトールの話に興味を持ち、実際《じっさい》にウンコでの香水《こうすい》づくりに挑戦《ちょうせん》したのです。

ウン香水《こうすい》のにおいをかいでいるカイトくん

「どこでもノグソトイレ」

カイトくんは木の板や細いパイプをゴミ箱から探《さが》してきたり、鍋《なべ》や金網《かなあみ》などさまざまなものを工夫して、ウンコを蒸《む》した蒸気《じょうき》を集めて冷やし、液化《えきか》する装置《そうち》をつくりあげました。つぎはいよいよウン香水《こうすい》の材料ですが、ウンコを出してといわれて自由自《じゆうじ》在《ざい》に出せる人はなかなかいません。当然のようにみんなの視線《しせん》は、ウン校長のおしりに集まります。ちょっと恥《は》ずかしかったのですが、スカトールのいい出しっぺでもあるウン校長としては、逃《に》げるわけにもいきません。大勢《おおぜい》の見守る中でどこでもノグソトイレに入り、フキの葉っぱに産み落とした新鮮《しんせん》な上《じょう》トグロウンコを、カイトくんに手渡《てわた》すことができました。

[ウン香水《こうすい》のつくりかた]

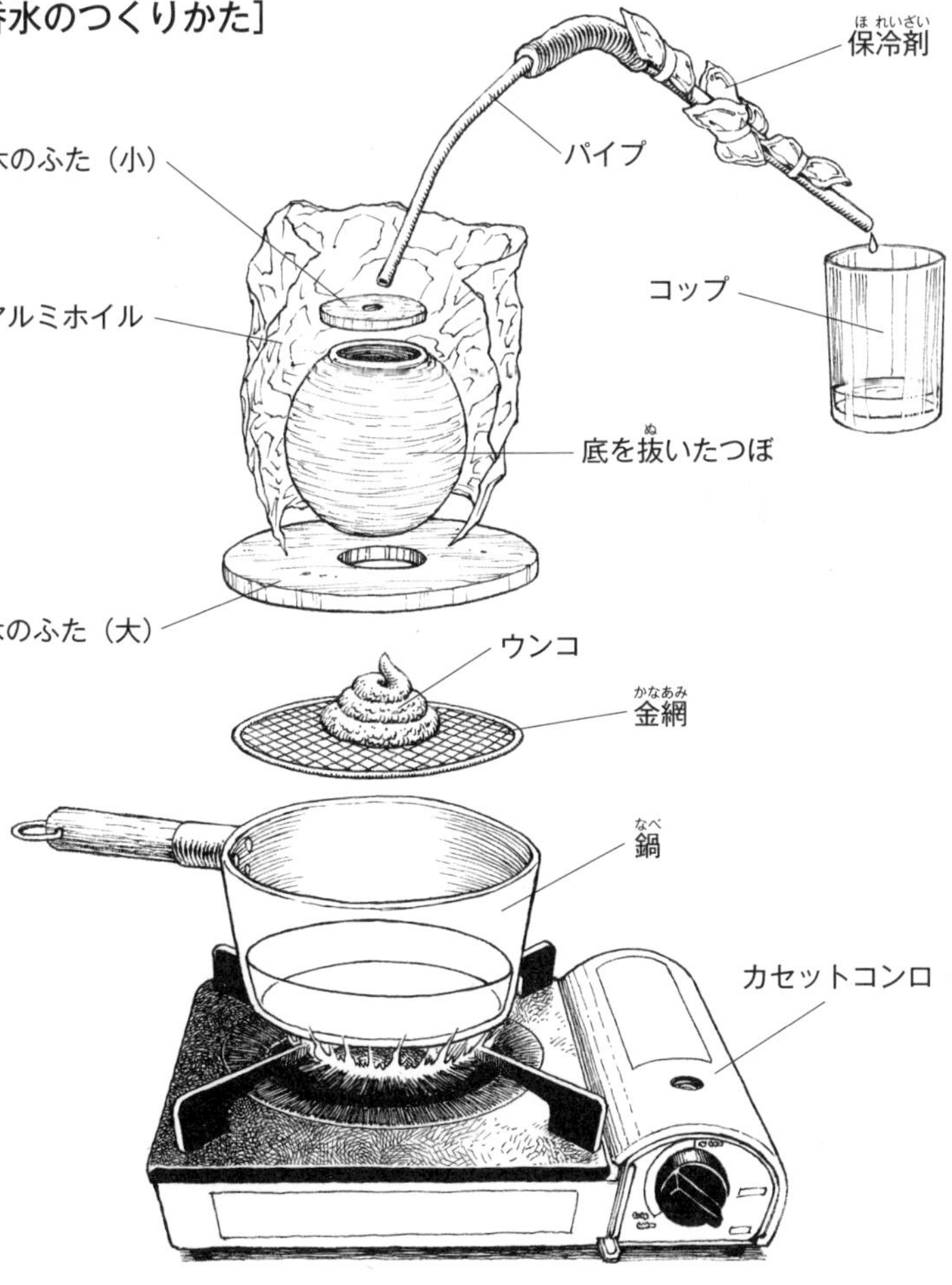

①鍋《なべ》に水をいれて、中に固定した金網《かなあみ》の上にウンコをのせる
②鍋の上に木のふた(大)、底を抜《ぬ》いたつぼ、木のふた(小)を順にのせる
③木のふた(小)にパイプをさし、コップへとのばす
④蒸気《じょうき》がもれないように、それぞれすきまをアルミホイルやテープでふさぐ
⑤蒸気を冷やして液化《えきか》するため、パイプのまわりに冷えた保冷剤《ほれいざい》をまく
⑥カセットコンロに火をつける
⑦コップの中にたまったウン香水をスプレーびんにうつして完成！

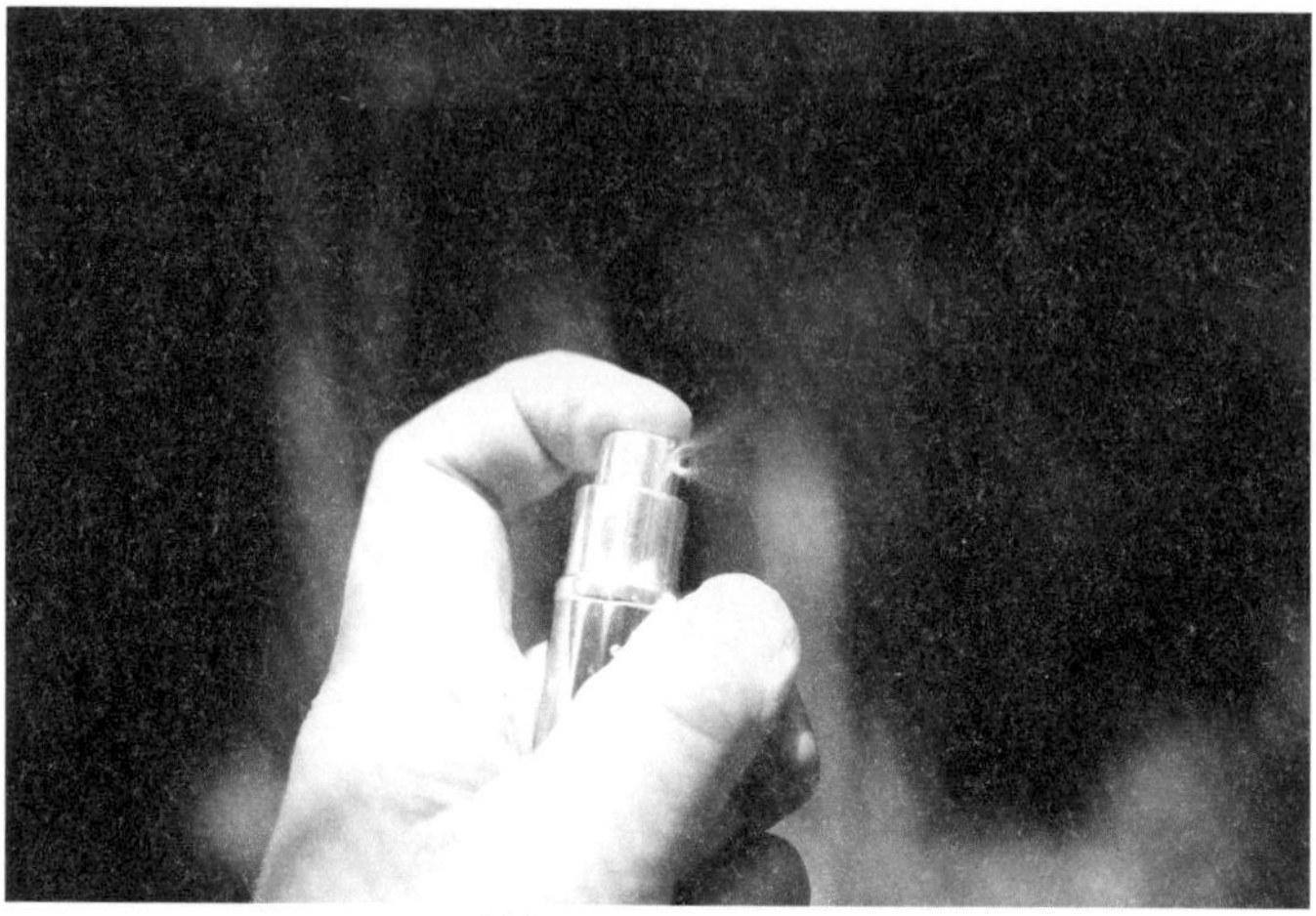

完成したウン香水《こうすい》スプレーは、しあわせな香《かお》り

火にかけた蒸《む》し器《き》にウンコを移すとまもなく、湯気がもれて立ち上ってきました。みんな周りに集まってきて、順々に鼻を近づけてにおいをかいでいきますが、「臭《くさ》い」という人はひとりもいません。むしろ、なにかおいしそうな香《かお》りです。参加していた美術大学《びじゅつだいがく》の女子学生は、「ご飯が炊《た》けて、釜《かま》のふたをとったときのにおい」とつぶやきました。みんな納得《なっとく》の、ぴったりの表現《ひょうげん》です。そして、できあがったウン香水《こうすい》を小さなスプレーびんにつめて、それぞれの手の甲《こう》にシュッシュッとふきつけていきます。手のひらでこすってにおいを再確認《さいかくにん》し、そのまま手も洗《あら》わずに、みんなニコニコ顔で0円生活を終了《しゅうりょう》したのでした。

4章

自然と共生するために

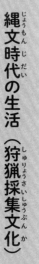

縄文時代《じょうもんじだい》の生活（狩猟採集文化《しゅりょうさいしゅうぶんか》）

およそ3000年前まで1万年以上続いたといわれる縄文時代《じょうもんじだい》は、獣《けもの》や魚、貝、木の実などを採《と》って食べる狩猟採集《しゅりょうさいしゅう》が生活の基本《きほん》でした。そして人々が暮《く》らす集落は規模《きぼ》も小さく、道具は石器などが中心で、自然を大きく変える力はまだありません。それは自然の再生力《さいせいりょく》を超《こ》えない範囲《はんい》での自然利用です。では、当時の人々は自分たちのウンコをどうしていたのでしょう。縄文人《じょうもんじん》の暮らしを受《う》け継《つ》いでいるといわれるマタギ（東北地方の山間部で、伝統的《でんとうてき》な狩猟生活をしている人たち）やアイヌの人たちの生活から、そのことをある程度《ていど》知ることができました。

数年前にわたしは、青森《あおもり》・秋田県境《あきたけんきょう》にある白神山地《しらかみさんち》のマタギの講演会《こうえんかい》に参加した際《さい》に、ウンコに関することをいくつか聞いてみました。最初の質問《しつもん》は、マタギはなにでウンコをふくのか、です。こんな答えが返ってきました。

マタギは山に入るとまず、フキの葉を茎《くき》ごと採《と》り、その茎を腰《こし》ひもに差しておき、しばらくして葉っぱがしんなりしたところでウンコをふく。また、ヤマブドウの葉（裏側《うらがわ》に毛がたくさん生えている）もよく使う、とのことでした。これはわたしがおすすめする、おしりをふく葉っぱの種類と使い方にぴったり当てはまるものでした。

つぎに聞いたのが、何日も山の中で生活するときのトイレ問題です。

小屋は水のある沢《さわ》の近くにつくるが、便所は沢から離《はな》れたところにつくる。それは、水は神聖《しんせい》なものだから、けっして汚《よご》してはならないからだ。また、クマ撃《う》ち猟《りょう》で山の中を巡《めぐ》っているときは、けっして尾根筋《おねすじ》ではウンコをしない。それは、山の尾根は神の通る道だからだ、というものでした。つまり、マタギにとってウンコはけがれたものであり、神聖なものをウンコで汚すことは禁《きん》じられていたのです。水は神聖で、ウンコやオシッコはけがれだというこの文化は、アイヌにも同様にありました。たとえば、川にオシッコをしてはいけない、というように。

では、ウンコをけがれとして遠ざけていたマタギやアイヌは、さらにさかのぼって縄文人《じょうもんじん》たちは、食べて奪《うば》った命を自然に返していないのでしょうか？　いえいえ、そんなことはありません。現在《げんざい》のように水洗《すいせん》トイレにして、最後はウンコを燃《も》やしてしまう処理《しょり》方法ではなく、豊《ゆた》かな自然の中でウンコをしているのです。ということは、ヒトのウンコは他の動物に食べられ、菌類《きんるい》に食べられれば無機養分《むきようぶん》となって土に還《かえ》り、最後は植物に食べられます。つまり、人々の想いとは関係なく、ウンコは多くの生きもののごちそうになり、あらたな生命に生まれ変わっていたはずです。

先のマタギの講演会《こうえんかい》では、クマを仕留《しと》めたあとで命をいただく感謝《かんしゃ》とともに、そのクマの霊《れい》を天に帰す神聖《しんせい》な儀式《ぎしき》の話もありました。そこでわたしはちょっといじわるな、こんな質問《しつもん》もしてみました。「マタギは命をいただくことの感謝だけでなく、命を返すことは考えていますか」と。するとマタギの答えは、「クマに食われろというのか」というものでした。マタギの暮《く》らす世界は、豊かな自然の中にあります。そこでは自然を神として、神聖なものとして敬《うやま》い、汚《よご》したり破壊《はかい》したりしないように、つつましく暮らすだけで十分です。生きている動物しか食べないという、見方によっては残酷《ざんこく》な生きものでしかない食物連鎖《しょくもつれんさ》の頂点《ちょうてん》にいるワシやタカ、ライオンやトラなどでさえ、食べてノグソをするだけでしっかり自然と共生できています。マタギにとっては、命を返すことなど考える必要もなかったのです。

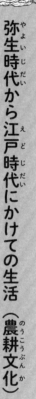

弥生時代《やよいじだい》から江戸時代《えどじだい》にかけての生活（農耕文化《のうこうぶんか》）

縄文時代《じょうもんじだい》の末期に始まった稲作《いなさく》は、弥生時代《やよいじだい》になると全国に広まり、狩猟採集《しゅりょうさいしゅう》に代わって農耕文化《のうこうぶんか》が発達しました。また、青銅器《せいどうき》や鉄器があらわれたのも、この時代です。金属製《きんぞくせい》のナイフや斧《おの》などの生活道具は、石器などよりはるかにすぐれ、人々の活動は大幅《おおはば》に力強くなっていきました。山林原野を切りひらいて田畑を広げ、人間社会が豊《ゆた》かになる一方で、野山の生きものは生活の場をせばめられていったことでしょう。自然破壊《はかい》の第一歩といえるかもしれません。そして、この時代の人々のウンコはどうなっていたのでしょうか。

わたしの住んでいる茨城県《いばらきけん》西部の田舎町《いなかまち》を北関東自動車道が通ることになり、その工事に先立って、高速道路にかかる弥生遺跡《やよいいせき》の発掘調査《はっくつちょうさ》がありました。調査が終わり、遺跡の見学会が行なわれたので参加しました。わたしがもっとも見たかったのは、もちろん弥生時代《やよいじだい》のトイレ跡《あと》です。住居跡だけでなく製鉄所跡《せいてつじょあと》まで出てきた立派《りっぱ》な弥生遺跡《いせき》だったのですが、あちこち歩きまわって探《さが》しても、目的のトイレらしきものはどこにも見当たりません。しかたがないので、遺跡の解説《かいせつ》をしていた方にたずねてみました。すると……「このような地方都市では周辺にいくらでも林があるので、人々はそこで用を足していました。トイレの遺跡が出てくるのは、平城京《へいじょうきょう》（奈良《なら》）や平安京《へいあんきょう》（京都《きょうと》）などの、当時の大都市だけです」。弥生時代に入っても、人々はまだノグソをし続けていたようですね。

その後、豪族《ごうぞく》があらわれた古墳時代《こふんじだい》（3〜7世紀）をへて、8世紀の奈良時代《ならじだい》になると、奈良盆地《ならぼんち》の中に平城京という大きな都が出現《しゅつげん》しました。都市化して人口密度《みつど》が高くなれば、当然、限《かぎ》られた狭《せま》い地域《ちいき》に大量のウンコがたまります。ウンコの分解《ぶんかい》が追いつかなくなり、腐敗《ふはい》したウンコでとうとう疫病《えきびょう》（悪性《あくせい》の伝染病《でんせんびょう》）が流行し、多くの死者を出すまでになってしまいました。奈良の都が京都に引《ひ》っ越《こ》した平安京遷都《せんと》は、たまりすぎたウンコによる疫病が原因《げんいん》だったといわれているのです。

ウンコの処理《しょり》に失敗した平城京（奈良盆地）と、引っ越し先の平安京（京都盆地）

のいちばんのちがいはなにかというと、川があるかないかです。奈良盆地《ならぼんち》にはこれといった大きな川がないのに対し、京都盆地《きょうとぼんち》では中央を鴨川《かもがわ》が流れ、都の西側には桂川《かつらがわ》もあります。当時のウンコの処理《しょり》方法のひとつが、魚やエビなど、ヒトのウンコをごちそうにする生きものがたくさんいる川に流すことでした。便所のことを「厠《かわや》」ともいいますが、それは「川の上につくった小屋＝便所」という意味でもあるのです。

平城京《へいじょうきょう》では処理の限界《げんかい》を超《こ》える大量のウンコをためこんだことで、生態系《せいたいけい》の循環《じゅんかん》が滞《とどこお》り、とんでもない悲劇《ひげき》を引き起こしてしまいました。人間が自然と共生するには、ヒトのウンコをごちそうにする生きものが十分にいることと、ほどほどの量、そして分解《ぶんかい》にたっぷりと時間をかけることも必要だったのです。

鎌倉時代《かまくらじだい》になると、稲作《いなさく》の肥料《ひりょう》としてウンコやオシッコを本格的《ほんかくてき》に使いはじめました。そして室町時代の中ごろには、それは全国に広がります。肥料として積極的に活用することでウンコの価値《かち》を認識《にんしき》するようになったのは大きな進歩ですが、それはあくまでも人間社会を豊《ゆた》かにするためです。自然との共生からは、すこしずつ離《はな》れていった時代だといえるかもしれません。

歌川広重《うたがわひろしげ》『東海道五十三次《とうかいどうごじゅうさんつぎ》』鞠子《まりこ》 名物茶屋《めいぶつぢゃや》

その後江戸《えど》時代《じだい》までの人々は、さまざまな道具を使いながらも、人力や家畜《かちく》といった生きもの本来の力で生活していました。そのような方法では、食糧《しょくりょう》となる農産物の収穫量《しゅうかくりょう》も、魚介類《ぎょかいるい》などの漁獲量《ぎょかくりょう》も限《かぎ》られてしまいます。また、家を建てたり燃料《ねんりょう》にする木は無限《むげん》にあるわけではなく、木の生長には時間がかかるため、使える木材資源《しげん》にも限界《げんかい》があります。

江戸時代末期の自然のようすは、歌川《うたがわ》広重《ひろしげ》『東海道五十三次《とうかいどうごじゅうさんつぎ》』などの浮世絵《うきよえ》からも知ることができます。そこに描《えが》かれた人々の行き来する周辺の山々は、うっそうとした森ではなく、木がまばらにしか生えていない貧弱《ひんじゃく》な林や、丸坊主《まるぼうず》のはげ山がたくさん見られます。ということは、利用できる木のほとんどを伐《き》って生活にあてていたのでしょう。

とはいっても、無制限《むせいげん》に木を伐っていたわけではありません。山々が丸坊主になれば保水力《ほすいりょく》が落ち、大雨で洪水被害《こうずいひがい》が出たり、日照りが続けば地下水不足で干《かん》ばつになり、農作物が欠乏《けつぼう》します。そしてそれは、百姓一揆《ひゃくしょういっき》という、農民の領主《りょうしゅ》への反抗《はんこう》運動にも発展《はってん》しかねません。そこで江戸幕府《えどばくふ》や領主たちは、河川改修《かせんかいしゅう》や用水建設《ようすいけんせつ》などの治《ち》水事業《すいじぎょう》を行なう一方で、各地に領主が管理する留山《とめやま》を設けて林の伐採《ばっさい》をきびしく制限《せいげん》し、森林の保全《ほぜん》にも努めていたのです。

江戸時代の半《なか》ば、八代将軍《しょうぐん》・徳川吉宗《とくがわよしむね》の時代には、江戸の町の人口は１００万人を超《こ》え、当時は世界最大の大都市でした。それとともに江戸は、世界でもっとも清潔《せいけつ》な都市としても知られています。それは、町中で発生した大量のウンコをすべて回収《かいしゅう》し、すぐれた肥料《ひりょう》として農業生産に無駄《むだ》なく活用していたからです。これは、世界的にみてもめずらしいことでした。

そのころ、ファッションで有名なフランスのパリは、ウンコまみれの町でした。屋内にトイレはなく、おまるにたまった糞尿《ふんにょう》は窓《まど》から道路へ投げすてられていたために、それを頭からかぶらないようにパラソルをさし、ウンコだらけの道を歩くために、かかとの高いハイヒールをはいたのです。そして香水《こうすい》は、悪臭対策《あくしゅうたいさく》で発達したものでした。ということは、派手《はで》やかなパリのファッションは、ウンコから生まれたといってもいいのではないでしょうか。

食糧《しょくりょう》生産も木材の利用も、めいっぱい行なわれていたのが江戸時代《えどじだい》です。しかも戦《いくさ》のない平和が260年以上も続いたのに、江戸時代の日本の人口は3000万人までしか発展《はってん》できませんでした。つまり、鎖国《さこく》により海外から食糧や資源《しげん》を輸入《ゆにゅう》せずに、日本国内だけの生産力で生活するには、3000万人が限界《げんかい》だったのでしょう。

江戸時代にはさまざまな技術《ぎじゅつ》や芸術《げいじゅつ》、工芸などが発達して、豊《ゆた》かな文化が栄えました。しかし、まだ機械文明がなかったことが幸いし、人間と自然との関係は、奪《うば》いすぎて自然を台無しにするほどではない、ギリギリのところで踏《ふ》みとどまった状態《じょうたい》といえるかもしれません。

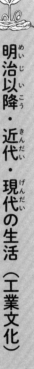

明治以降《めいじいこう》・近代《きんだい》・現代《げんだい》の生活（工業文化）

1867年に江戸時代《えどじだい》が終わり、それから150年しかたっていない現在《げんざい》の日本の人口は、1億2000万人を超《こ》えています。短期間のうちに4倍という、極端《きょくたん》な人口増加《ぞうか》です。しかも現代人《げんだいじん》の生活は、食べものでもなんでもすべてにおいて、江戸時代とは比《くら》べものにならないほど豊《ゆた》かになりました。ということは、人口は4倍でも、日本全体で消費する食糧《しょくりょう》や資源《しげん》は、それを何倍も上回る量になっているはずです。江戸時代にはすでに、自然の利用は限界《げんかい》近くまでいってしまったはずなのに、それをはるかに超える食糧や資源を得られるようになったのはどうしてなのでしょう。

明治時代に入った日本は鎖国《さこく》をやめて海外との交易《こうえき》が盛《さか》んになり、外国から多くの物資《ぶっし》が入ってくるようになりました。また、急速に欧米化《おうべいか》をめざし、積極的に西洋文明を取り入れて、機械工業が台頭《たいとう》し、それまでの道具による手工業をはるかにしのぐ高い生産力を発揮《はっき》します。さらに化学工業も盛《さか》んになり、飛躍的《ひやくてき》に人間社会は豊《ゆた》かで便利なものになりました。しかしそれは、石炭や石油といった地下資源《しげん》を大量に消費して、のちにさまざまな公害や環境破壊《かんきょうはかい》を引き起こす原因《げんいん》にもなったのです。

明治維新《めいじいしん》から太平洋戦争が終わる１９４５年までの約80年間を、日本史では「近代」とよびます。「富国強兵《ふこくきょうへい》」をかかげ、武力《ぶりょく》で領土《りょうど》を広げて国を富《と》ませる、侵略《しんりゃく》と戦争に明《あ》け暮《く》れた時代でもありました。それは自然を大きく破壊するだけでなく、アジア各地の多くの人々にも堪《た》えがたい苦しみをもたらしました。しかし、１９４５年の敗戦でようやく一応《いちおう》の終止符《しゅうしふ》が打たれ、あたらしい時代がスタートしたのです。

それ以降《いこう》が「現代《げんだい》」ですが、このふたつのあいだには、人々の生活に大きな変化がありました。たとえば現在、わたしたちの身のまわりにはプラスチックなどの化学製《せい》品《ひん》があふれ、衣服もナイロンなどの化学繊維《せんい》がふえています。しかし戦前は、自然素材《そざい》を活かした木製品《もくせいひん》などや、綿《めん》や絹《きぬ》や麻《あさ》の和服があたりまえにありました。そしてウンコに関しても、近代から現代に移《うつ》ったときに、決定的なできごとが起きたのです。

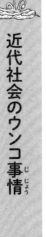

近代社会のウンコ事情《じじょう》

稲作《いなさく》の肥料《ひりょう》として重要なウンコは、明治時代になってからも相変わらず、お金を払《はら》って汲《く》みとらせてもらう価値《かち》のあるものでした。その一方で、鎖国《さこく》をやめて海外との交流が盛《さか》んになると、それにともなってコレラなどの伝染病《でんせんびょう》も国内に入ってきました。そうなると、伝染病の感染源《かんせんげん》にもなるウンコは、衛生面《えいせいめん》から問題視《もんだいし》されることになってきたのです。とくに東京《とうきょう》や大阪《おおさか》などの大都市では、けっして衛生的《えいせいてき》とはいえない汲みとり式便所が、下水道や浄化槽《じょうかそう》を備《そな》えた水洗《すいせん》トイレへと、徐々《じょじょ》に切りかわりはじめました。さらに大正時代《たいしょうじだい》（１９１２～２６年）の前後には、回虫《かいちゅう》などの寄生虫病《きせいちゅうびょう》も問題になり、畑作の肥料としてウンコを使うために、寄生虫卵《らん》が死滅《しめつ》するように十分発酵《はっこう》が進む浄化槽の研究・開発も行なわれました。

昭和《しょうわ》になると東京など大都市の人口はますますふえ、市街地や住宅地《じゅうたくち》も広がり、農

地は郊外《こうがい》へと追いやられていきます。じつは東京《とうきょう》が現在《げんざい》のような巨大過密都市《きょだいかみつとし》になる前は、練馬大根《ねりまだいこん》は東京の練馬が、小松菜は江戸《えど》川区《がわく》小松川《こまつがわ》が名産地だったくらい、東京にも広い農地があったのです。そして人口増《じんこうぞう》とともに増加《ぞうか》した大量の糞尿《ふんにょう》は、それまでのような人力や荷馬車、小舟《こぶね》などでの運搬《うんぱん》ではとても間にあいません。つまり、都市部から農村部へのウンコの流通が滞《とどこお》り、「糞詰《ふんづ》まり状《じょう》態《たい》」になってきたのです。その窮状《きゅうじょう》を救ったのが西武鉄道《せいぶてつどう》でした。それは太平洋戦争中の1944年から始まり、都内の大量のウンコを列車で郊外の農地に運び出し、帰りの列車には野菜を満載《まんさい》して持ち帰ることで、戦時中の食糧《しょくりょう》不足に悩む都民《とみん》の苦境《くきょう》も救ったのです。

現代社会のウンコ事情《じじょう》

人々はノグソをすることで命を自然に返す暮《く》らしから、農耕《のうこう》文化の発展《はってん》とともにウンコを肥料《ひりょう》にして、無駄《むだ》なく利用する生活を長いあいだ続けてきました。しかし、その長い歴史に終止符《しゅうしふ》を打つ大事件《だいじけん》が起きたのは、戦後まもなくのことでした。

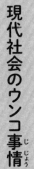

１９４８～４９年ごろになると、化学肥料が出回るようになったのです。それまでは草や落ち葉、魚や酒粕《さけかす》、そして馬糞《ばふん》や人糞尿《じんぷんにょう》など、自然のものを発酵《はっこう》させたりして肥料《ひりょう》にしていました。しかしそこには、においや汚《よご》れに加えて、重労働という大変さもありました。それに対して化学肥料は、臭《くさ》くもないし、作物への即効性《そっこうせい》もあり、比《くら》べものにならないほど手軽です。わたしの住む田舎《いなか》でも、１９６０年ごろまでは肥料としてウンコが使われていたのですが、いつのまにかすがたを消してしまいました。

じつは化学肥料は、それまでのふっくらとして生きていた土を、パサパサのへぼ土に変えてしまいます。なぜなら、化学肥料《ひりょう》はチッソやリン酸《さん》、カリウムなどですから、それはまじりけのない菌類《きんるい》のウンコのようなものでしょう。ということは、そこには菌類などの生きものもいなければ、動物のごちそうにもならないので、化学肥料をまき続ければ、まるっきり菌類も動物もいない死んだ土になってしまいます。しかし植物（作物）だけは育つので、化学肥料の手軽な便利さはなかなか手放せません。

こうして、肥料としてのウンコの需要《じゅよう》が減《へ》っていく中で、1953年には西武鉄道《せいぶてつどう》のウンコ列車の運行も終わってしまいました。都市部の人口はさらに膨張《ぼうちょう》し、そこに化学肥料によるウンコ離《ばな》れが加わって、またしても東京《とうきょう》のウンコは「糞詰《ふんづ》まり」の危《き》機《き》に直面してしまったのです。

ウンコを川や海に捨《す》てて始末するのは昔からあったことですが、東京や横浜《よこはま》などから東京湾《わん》に捨てられた糞尿《ふんにょう》は、1955年にはついに、1日でドラム缶《かん》1万本近くの量になってしまいました。こんな大量のウンコを、湾内《わんない》の限《かぎ》られた生きものだけで食べきれるわけがありません。東京湾の汚染《おせん》が深刻《しんこく》になったことで、まもなく房総半島《ぼうそうはんとう》沖《おき》などへ外洋投棄《がいようとうき》が始まりました。しかし、海がウンコで黄色く染《そ》まる光景に、近い将来《しょうらい》のウンコ処理《しょり》は、下水道と下水処理場《しょりじょう》で行なうことに政策《せいさく》が変わってきたのです。

その処理《しょり》の最終形が、現在《げんざい》の燃《も》やしてコンクリートに固めるという方法です。

もちろんこの焼却《しょうきゃく》処理がすべてではありません。実際《じっさい》にわたしが見聞きした中では、青森市は市町村合併《がっぺい》で広い土地があり、2か所の処理場《しょりじょう》に加えて、一部のウンコは埋《う》め立《た》て処理を行なっていました。また、北海道東部の牧畜《ぼくちく》の盛《さか》んな中標津町《なかしべつちょう》では、広大な牧草地の肥料《ひりょう》として活用し、焼却処分《しょぶん》はしていませんでした。

東日本大震災《ひがしにほんだいしんさい》のあったすこしあとの2011年7月22日、ノルウェーの首都オスロ近郊《きんこう》の島で起きた銃撃《じゅうげき》と政府庁舎《せいふちょうしゃ》の爆破《ばくは》で、77人もが命を落とす悲惨《ひさん》な事件《じけん》がありました。それは農民を装《よそお》うたったひとりの犯人《はんにん》が起こしたテロで、そこで使われた爆薬《ばくやく》は化学肥料でつくったものでした。化学肥料と爆薬の原料はほとんどおなじだったのです。化学肥料が出回ったのは戦後まもなくでしたが、それは、戦争が終わって使えなくなった爆薬が、化学肥料にすがたを変えたともいえるでしょう。終戦で人が殺されなくなり、平和になったと思ったら、こんどは化学肥料が土を殺しはじめたのです。

マイクロプラスチック問題とおなじように、科学の進歩にはすばらしい面だけでなく、その裏《うら》にとんでもない危険《きけん》がひそんでいることにも目を向けることが必要です。

そもそも「共生」ってなんだろう

この本で何度か登場している共生という言葉は、「共に生きる」と書きます。だから共生とは、おたがいに相手にプラスになることをして生かしあうことだと考えるのがふつうです。しかし、生きものの世界は単純《たんじゅん》なものではなく、複雑《ふくざつ》に絡《から》みあい、共生ひとつとってみても、つぎのように三つの形態《けいたい》があるのです。

①…シラカバは光合成でつくった糖類《とうるい》を、菌根菌《きんこんきん》であるベニテングタケに与《あた》えています。一方、ベニテングタケは土の中から吸《す》い上《あ》げた無機養分《むきようぶん》と水を、シラカバに与えています。また、ヤドカリは自分のカラにイソギンチャクをくっつけて、天敵《てんてき》のタコに食べられないように、イソギンチャクの持っている毒針《どくばり》で守ってもらいます。そのかわりにイソギンチャクは、ヤドカリに移動《いどう》を助けてもらったり、ヤドカリの食べ残しをもらって食べたりしています。このように、おたがいが利益《りえき》を受ける関係を

「相利共生《そうりきょうせい》」といいます。

②…サメとコバンザメのように、吸盤《きゅうばん》で吸《す》いついて楽して移動《いどう》するコバンザメに対して、吸いつかれたほうのサメはそれほどじゃまにもならない、というように、相手にダメージを与《あた》えることはないが、片方《かたほう》だけが利益《りえき》を受ける関係を「片利共生《へんりきょうせい》」といいます。

③…腸の中にとりついて、栄養を吸いとって生きている回虫《かいちゅう》やサナダムシなどのように、栄養や生活の場などを一方的に相手に頼《たよ》る「寄生《きせい》」も、共生のひとつと考えることがあります。

共生に対するわたしの認識《にんしき》は、以前は①の相利共生だけだったのですが、このように共生を広く解釈《かいしゃく》すれば、人類誕生《たんじょう》以来現在《げんざい》までずっと、人々は自然と共生してきたことになります。しかしわたしはいま、人間と自然の関係が③の寄生に大きく偏《かたよ》っていることに大きな危機感《ききかん》を抱《いだ》いています。片利共生ならまだしも、寄生では奪《うば》いすぎることで、しばしば相手を殺してしまうこともあるからです。そしてその寄生の度合いは、人類の文明が発展《はってん》するにつれて、ますますひどくなってきたのではないかとわたしは考えています。

あらたな共生社会をめざして

縄文《じょうもん》の昔から現在《げんざい》までの人々の暮《く》らしを順を追って見てくると、人間社会の発展《はってん》につれて、人と自然の共生関係が崩《くず》れてきたことがわかります。人々がノグソをしていたころは、ウンコは他の生きもののごちそうになって、食べて奪《うば》ったぶんの命を自然に還《かえ》していました。つぎに肥料《ひりょう》として使うようになると、人間社会の重要な資源《しげん》として大切にされたのですが、自然へのお返しということでは、残念ながら片利共生《へんりきょうせい》でしかありませんでした。そして、化学肥料の出現《しゅつげん》でとうとうウンコは、使い道のない迷《めい》惑《わく》なゴミとして焼却処分《しょうきゃくしょぶん》され、自然の中でのごちそうとしての循環《じゅんかん》は完全に断《た》ち切《き》られてしまったのです。

人間社会の発展のひとつは、都市化と人口の増加《ぞうか》ですが、自然の中で、つまり共生社会の中でいつまでも安心して暮らしていくには、適正《てきせい》な人口を保《たも》つことも重要です。

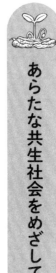

さまざまな生きものが適度《てきど》なバランスをとっていないと、食べたり食べられたりする食物網《しょくもつもう》が成り立たず、共生社会はバラバラに壊《こわ》れてしまいます。

わたしたちが暮《く》らす現在《げんざい》の地球には、すでに77億を超《こ》える人口がひしめき、十分な食糧《しょくりょう》や生活物資《ぶっし》を得るのが非常《ひじょう》に難《むずか》しくなってきました。食糧増産《ぞうさん》のために広大な森林を伐《き》り開《ひら》いて耕地《こうち》にしたり、多くの資源《しげん》を採掘《さいくつ》して資源不足も招《まね》いています。また、エネルギー源《げん》として大量の石炭・石油を燃《も》やしつづけた結果、大気中の二酸化炭素《にさんかたんそ》濃度《のうど》が上がり、地球温暖化《おんだんか》による異常《いじょう》気象で、豪雨《ごうう》や大雪、干《かん》ばつなどの災害《さいがい》も多発しています。さらに化学工業の発達で、軽くて丈夫《じょうぶ》で腐《くさ》らないプラスチックやナイロンなどを大量生産し、人々の生活は豊《ゆた》かで便利になりました。しかし、腐らなければゴミになっても自然に還《かえ》りません。それはマイクロプラスチックとなって深刻《しんこく》な海洋汚染《かいようおせん》を引き起こしてしまいました。このようにして現在の地球環境《かんきょう》は、人間社会の発展《はってん》によって危機的《ききてき》な状況《じょうきょう》にまで追《お》い込《こ》まれてしまったのです。

そんな地球に見切りをつけて、新天地で暮らそうという「火星移住《いじゅう》計画」を考える人まであらわれるようになりました。しかしそれを実現《じつげん》するには、水と空気と食糧だけでなく、ウンコをあらたなごちそうに変える生態系《せいたいけい》の命の循環《じゅんかん》がなければ、安心して生きていくことはできません。ロケットでたどり着くだけでなく、火星上にそのようないっさい無駄《むだ》のない理想的なシステムをつくりあげられるのでしょうか？　わたしには夢物語《ゆめものがたり》としか思えません。

それよりも、いまわたしたちが暮《く》らしている地球には、さまざまな多くの動物・植物・菌類《きんるい》が生活し、絶妙《ぜつみょう》な共生関係をつくりあげ、永遠《えいえん》の命の循環《じゅんかん》がすでにできあがっているのです。あらたに困難《こんなん》なことを始めるよりも、この地球上の生きもの社会を元気にすることこそ、末永《すえなが》く安心して暮らしていくいちばんの方法です。

これまでのわたしたち人類の、そのときだけの豊《ゆた》かさを求める生き方を見直し、まずは片利共生《へんりきょうせい》をめざし、そして相利共生《そうりきょうせい》へと向かっていくことが求められています。わたしはそれをウンコで見つけ、ノグソという方法で実践《じっせん》してきました。

21世紀に入ってから約20年、わたしはほぼ完璧《かんぺき》に近いノグソ生活を続けています。そして２０００年6月1日から２０１３年7月15日まで、４７９３日という連続ノグソ記録も打ち立てました。しかし、ここまでくるには、長い道のりがありました。

わたしの家は田舎町《いなかまち》の農村部にあるので、ノグソができる林は近所にたくさんあります。さらに庭は広くて茂《しげ》みもあり、急な下痢《げり》や時間がないときでも、庭で楽にノグソができます。また、糞土師《ふんどし》になる前はキノコやコケなどが専門《せんもん》の自然写真家でしたから、撮影現場《さつえいげんば》のほとんどは野山や林の中でした。ということは、トイレの中（ノグソ場）で仕事をしているようなものです。それなのに、１年を通して完璧《かんぺき》にノグソができたのは、始めてから25年もたった１９９９年のことでした。なにがなんでもノグソだ、という強い信念があったのに、四半世紀もかかってしまったのです。

でも、わたしひとりが一生懸命《いっしょうけんめい》ノグソをし続けても、地球全体で見ればその効果《こうか》はほとんどゼロです。しかし、たとえば１万人の人たちが、月に１回だけでもノグソを始めたらどうなるでしょう。その数は１年間で12万回になります。すると、３００人以上が毎日完璧にノグソ生活をしたのとおなじだけの、すごい成果が上がるのです。

わたしたちはそれぞれ、さまざまな暮《く》らしをしながら「社会」をつくっています。その社会を変えようと思ったら、一人が無理して完璧を目指すことよりも、多くの人が自分でできる範囲《はんい》で少しずつがんばることのほうが、はるかに大切です。まずは自然観察や釣《つ》り、ハイキング、キャンプなどの野外活動をするときに、命を返すノグソにぜひチャレンジしてみてほしいのです。

あとがき　いつも心にウンコロジーを

人々はこれまでずっと、夢《ゆめ》や希望を胸《むね》に豊《ゆた》かな暮《く》らしを追い求めてきました。しかし夢や希望という美しい言葉は、裏《うら》を返せば、ああなりたい、こうなりたい、あれが欲《ほ》しいこれが欲しい、という欲望《よくぼう》です。それらの多くは、自然から多くのものを奪《うば》うことで満たされてきました。その結果、自然環境《かんきょう》もさまざまな生きものも大きなダメージを受け、気候変動やマイクロプラスチック問題など、深刻《しんこく》な事態《じたい》につぎつぎ直面するようになってしまいました。このままでは地球全体の自然が破壊《はかい》され、これからわたしたちは、過酷《かこく》な世界を生きていかなければならなくなってしまいます。

わたしたちを生かしてくれている自然への気配りを欠き、人類だけの発展《はってん》をめざしてきたこれまでの価値観《かちかん》を見直し、人と自然が共生する生き方に方向転換《てんかん》しなければ、未来はないでしょう。では、どうすればわたしたちは自然と共生できるのでしょうか。

これまでの長年にわたるノグソの経験《けいけん》から、わたしが信念を持っていえる「自然と共生する生き方」というのが、これです。

『食は権利《けんり》、ウンコは責任《せきにん》、ノグソは命の返しかた』

わたしたちは生きるために、他の多くの生きものを食べて命を奪《うば》っています。しかし、ヒトという生きものは自分で栄養をつくりだせません。だから他の生きものを食べて栄養を得るのは、しかたのない「生きるための権利」です。

食べれば必ずウンコが出ます。その臭《くさ》くて汚《きたな》いウンコのもとは、おいしいごちそうでした。ということは、わたしたちには食べて命を奪うだけでなく、ごちそうを汚いウンコに変えた責任もあるはずです。だからウンコは、責任の塊《かたまり》なのです。

食べる権利を振《ふ》り回《まわ》すだけでなく、この責任を果たすことが、わたしたちが自然の中で多くの生きものと共生するための、もっとも大切なことではないでしょうか。

では、命を奪った責任を果たすには、どうすればいいでしょう。汚いウンコをつくったことについては、どうすれば責任をとれるのでしょう。

責任《せきにん》を果たすためにもっともよい方法は、命を奪《うば》ったならばその命を返すことです。もちろん、食べた生きもの自体は生き返りません。だからそのかわりに、わたしたちに命を与《あた》えてくれる自然の中の多くの生きものに対して、命を返すのです。命の源《みなもと》はごちそうですから、命を返すためには、他の生きものが食べるものをお返しすればいいのです。それがウンコです。

トイレにウンコを流し、処理場《しょりじょう》で燃《も》やして灰《はい》にしてコンクリートに固めてしまうのではなく、自然の中にウンコを置けば、多くの動物に食べてもらえます。そして菌類《きんるい》が食べて分解《ぶんかい》すれば、ウンコのにおいはどんどんよくなり、きれいになり、最後は植物のごちそうになります。このようにして、食べて奪った命はノグソによって、自然の中の多くの生きものに返っていくのです。

そしてもうひとつ、毎日自然に感謝《かんしゃ》しながらノグソをする中で生まれたことばがあります。

『ヒトがつくりだすもっとも価値《かち》あるもの、それはウンコ。
人間にできるもっとも尊《とうと》い行為《こうい》、それはノグソ』

お金や高価《こうか》な装飾品《そうしょくひん》、そして便利なスマホやたのしいゲームなどは、人間社会の中では価値《かち》があります。しかし自然の中の生きものにとっては、なんの価値もない迷惑《めいわく》なゴミです。ごちそうになって命を生み出すウンコこそ、そして命を返すためのノグソにこそ、本当に大切な価値があるのではないでしょうか。菌類《きんるい》のウンコが植物を生かし、植物のウンコの酸素《さんそ》がすべての生きものを生かすように、わたしたち人間も、自分たちのウンコを自然の中で活かすことが、共生社会を実現《じつげん》するうえでもっとも重要なことなのです。

いまの人間社会でいちばん嫌《いや》がられるウンコが、じつはすべての生きものの命の基《き》本《ほん》にあることを、この本では紹介《しょうかい》してきました。これまでの常識《じょうしき》や良識《りょうしき》にしばられずに、裏側《うらがわ》からも、つまり自分中心ではなく、相手の立場に立って考えてみることも必要です。さらに上辺だけでなく、根本までしっかり究明することで、本当に大切なものが見えてきます。それはウンコに限《かぎ》らず、すべてのものごとについていえます。

このウンコロジーが、みなさんの人生を広げるきっかけになることを、心の底から期待しています。

「ウンコはごちそう」って、どういうこと？

越智典子《おちのりこ》

この本を書いた伊沢《いざわ》さんは、40年以上も、トイレを使わない暮らしをしています。人里はなれた山奥《やまおく》に住んでいるわけではありません。電車にも乗るしバスや車も利用するし、舗装《ほそう》道路だらけの都会にも出かけます。それでもトイレを使わず、ノグソをしています。ヘンな人、と思いますか？　わたしはヘンだと思います。町中《まちなか》でだれにも見られずノグソできる場所を必死に探《さが》したり、雪の日でも、暖房《だんぼう》のきいたトイレには脇目《わきめ》もふらず、寒さにふるえながら裸《はだか》のおしりを出すなんて、ヘンな人でないわけがありません。

でも、ときおり、ちらっと思うのです。もしかすると、トイレを使っているわたしたちのほうがヘンなのかもしれないって。考えてみると、地球上の動物たちはみんなノグソをしています。人とペット以外は、みーんな、です。タヌキのためフンだって、れっきとしたノグソです。地球レベルで見ると、なんだか伊沢さんはちっともヘンでなくなるのです。

どこから見るか、だれから見るかによって、ものごとがガラリと変わって見えることがあります。伊沢《いざわ》さんのいう「ウンコはごちそう」は、まさにそのことです。だれかのウンコは、別のだれかから見るとごちそうなのです。そしてこれは、地球上に生命が誕生《たんじょう》してからいまにいたるまで、すべての生物にとっての真理です。

どんな生物も、生きている限《かぎ》り、「取り入れて捨《す》てる」をし続けています。自分の体や子孫をつくる材料や、生きるためのエネルギーなど、必要なものを外から体内に「取り入れて」、不要なものを体外に「捨てて」いるのです。

地球が46億年前に生まれたとき、地球に生物はいませんでした。いつ最初の生物が生まれたのかははっきりしません。でも現在《げんざい》、空にも陸にも水の中にもあふれかえっている生物はすべて、およそ38億年前の地球にいた、目に見えないくらいに小さな生物から生まれたといわれています。そんな小さな全生物の祖先《そせん》も、「取り入れて捨てる」をしていたはずです。わたしたち人は、空気（酸素《さんそ》）と水と食物を「取り入れて」いますが、38億年前の地球には、わたしたちがおいしそうと思うようなお菓子《かし》はもちろん、肉も野菜も魚もなければ、酸素もありませんでした。そのころの生物は、わたしたちにはとても食べられないようなものを食べて、つまり「取り入れて」いたことになります。

生物は世代を追うにつれてさまざまに進化し、いままでとはちがった食物を取り入れる生物があらわれます。あらたに生まれた生物は、自分のまわりにあるもので使えるものを「取り入れ」ました。それが他の生物が捨《す》てたものだろうと、だれも使ったことのないものだろうと、他の生物そのものだろうと、おかまいなしです。食べられる、利用できる、となったら食べたのです。そうやって食物を確保《かくほ》できた生物だけが生き残ってきたともいえます。この本の最初のほうで植物の光合成がていねいに解説《かいせつ》されていますが、植物は、太陽光という身近に大量にあったエネルギー源《げん》を「取り入れる」ことのできた生物なのです。植物はさらに自分の体をつくるために外気から二《に》酸化炭素《さんかたんそ》を「取り入れ」て、不要な酸素《さんそ》を「捨て」ました。こうして、生物が誕生《たんじょう》したころの大気にはなかった酸素がふえていき、やがて、酸素を利用できる生物が生まれます。人は、酸素を「取り入れる」生物の仲間です。

もしも植物がいじわるをして、酸素をどこかにためこんで他の生物が使えないようにしたら、わたしたちは生まれなかったかもしれません。でも、植物はそんなことはしませんでした。どんな生物も、いらないものは単に「捨てる」だけで、それをだれがどう使おうと気にしません。自然から、いるものをもらい、いらないものは返しているのです。人だけが、自然からもらうだけもらって、いらなくなったものすら自然に返していない。伊沢《いざわ》さんはそのことに気がついて、ノグソを実践《じっせん》するようになったのだと思います。伊沢さんは、すべての人がノグソをするべきだといっているのではなく（もしかしたら、いうかもしれませんが！）、人もさまざまな生物のつながりの中に生きている一員であることを思い出してほしい、と思っているのではないでしょうか。この本を読むと、人のウンコがどんなに他の動植物にとって魅力的《みりょくてき》なごちそうかに気づかされてびっくりします。伊沢さん自身、これほどまでとは思わなかったくらいに、大歓迎《だいかんげい》されるのです。たいせつなのは、そこです。36億年という長い年月をかけて生まれた生物たちのネットワークは、人の想像《そうぞう》がおよばないほど複雑《ふくざつ》に入り組んでいるはずです。たとえば伊沢さんのウンコを利用した生物のリストをつくったとしたら、「その他」の項目《こうもく》が必要です。そこには目に見えないくらい小さかったり、一瞬《いっしゅん》のことで気づかなかったりした生物たちが入ります。その数は、リストの数の倍ではすまないでしょう。こうした、わたしたちの知識《ちしき》や想像を超《こ》えた生物のつながりに対して、人はもっと謙虚《けんきょ》でなければいけないと思います。わたしたちを生み育てた自然は、人知《じんち》のおよばないほど複雑で、奥深《おくぶか》いのです。

それに改めて気づかされることが、数年前にありました。わたしがときどき行く体育館の裏庭《うらにわ》に、ある日、ソーラーパネルがならべられました。福島《ふくしま》の原発事故《げんぱつじこ》をうけて、自然エネルギー利用に関心が集まった時期のことです。庭としては殺風景になったけれど、原発《げんぱつ》よりよほどいい、と思いました。ところが、一年もせずに、パネルの下になって日の差さなくなった地面から、四季折々《しきおりおり》に目を楽しませてくれていた草花がすがたを消し、チョウやバッタもめっきり見なくなりました。人間の都合ばかりでなく、他の生物の暮《く》らしをなるべく踏《ふ》みにじらないように、という思いがあれば、地面ではなく、もとから草の生えないコンクリートの屋根にパネルをならべたかもしれません。除草剤《じょそうざい》や殺虫剤《さっちゅうざい》を使うことへも、もっと慎重《しんちょう》になるでしょう。たとえば農業や林業、さらに一般家庭《いっぱんかてい》でも使われているネオニコチド系《けい》の殺虫剤は、ミツバチの大量死につながったといわれています。害虫駆除《くじょ》はできたけれど、果実の収穫《しゅうかく》が悪くなりました。花から花へと飛び回って花粉を運び、実をならせていた虫たちが激減《げきげん》したからです。人の起こす行動が、自然にどのように作用していくかは、計り知れないものがあります。ヨーロッパ各国はこの殺虫剤の使用を禁止《きんし》したり、規制《きせい》を強めたりしています。自然環境《かんきょう》を損《そこ》なうおそれがあるとわかったら、まずは方針転換《ほうしんてんかん》する。それは、わたしたちを取《と》り巻《ま》く自然や生物のつながりに対する謙虚《けんきょ》さのあらわれのような気がします。日本が2015年以降、逆《ぎゃく》に規制をゆるめつづけているのは、本当に残念なことです。

伊沢《いざわ》さんの糞土師《ふんどし》活動は、現代人《げんだいじん》が忘《わす》れかけている自然への謙虚《けんきょ》さを取《と》り戻《もど》そうとしているように思えます。わたしが知り合ったころの伊沢さんは、すでにものすごい数のキノコを撮影《さつえい》した写真家でしたが、キノコに対しても謙虚な人でした。伊沢さんの撮《と》ったキノコは、ものをいいそうだ、と思ったことがあります。「ツキヨタケ」とか「ベニテングタケ」といった種名でなくて、それぞれの名前があって、自己紹介《じこしょうかい》をしそうなのです。取材でキノコを撮影するすがたを拝見《はいけん》して、納得《なっとく》しました。キノコのいちばんいいすがたを撮ろうと、おそうじをして、光の加減《かげん》も整えて、最後は地べたにつっぷして、キノコとおなじ高さにカメラを構《かま》え、シャッターを押《お》すのです。伊沢さんは「キノコも人も対等だから、上から目線で撮りたくないんだよね。できるだけ、下から見上げて撮りたいんだ」と、あの独特《どくとく》な明るい笑い声をたてました。それから、もちろん、「ちょっと失礼」とキジ撃《う》ちに……つまり、ノグソをしに、林の奥《おく》へとすがたを消したのでした。

伊沢正名（いざわ まさな）
1950 年、茨城県生まれ。1970 年より自然保護運動をはじめ、1975 年から独学でキノコ写真家の道を歩む。以後、キノコ、コケ、変形菌、カビなどを精力的に撮り続けてきた。同時に 1974 年よりノグソをはじめ、1990 年には伊沢流インド式ノグソ法を確立。これまでにしたノグソは 1 万 4700 回を超える。主な著書・共著書に『きのこ博士入門』『カビ図鑑』（全国農村教育協会）、『日本変形菌類図鑑』『日本の野生植物　コケ』（平凡社）、『くう・ねる・のぐそ』『葉っぱのぐそをはじめよう』（山と溪谷社）、『うんこはごちそう』（農山漁村文化協会）など多数。http://nogusophia.com/
〒 309-1347　茨城県桜川市富谷 1014　Tel/Fax:0296-75-2384

参考文献：『食べものとウンコ』城雄二（仮説実験授業研究会）
『森林飽和──国土の変貌を考える』太田猛彦（NHK 出版）

監修協力：花田智（首都大学東京）、
吹春俊光（千葉県立中央博物館）、舘野鴻

写真協力：カマクラ図工室（p.108, 110）
https://www.facebook.com/kamakura.zukoshitsu

ウンコロジー入門

2020 年 1 月　初版第 1 刷

伊沢正名

発行者　今村正樹
発行所　株式会社 偕成社
〒162-8450 東京都新宿区市谷砂土原町３－５
電話 03-3260-3221［販売］　03-3260-3229［編集］
http://www.kaiseisha.co.jp/

イラストレーション　小池桂一
装丁　森枝雄司
印刷・製本　大日本印刷株式会社

143p. 21cm NDC400 ISBN978-4-03-634750-6
Published by KAISEI-SHA, Printed in Japan.

本のご注文は電話・ファックスまたはＥメールでお受けしています。
Tel : 03-3260-3221　Fax : 03-3260-3222
E-mail : sales@kaiseisha.co.jp